지구의 마지막 1분

| 머리말 |

　30여 년 전의 웃픈 이야기입니다. 어느 날 쓰레기 처리장을 방문한 적이 있습니다. 당시 제 눈에 확 들어온 것은 산을 이룰 만큼 높이 쌓인 온갖 쓰레기더미였습니다. 가히 충격적인 모습이었죠. 이어 벽을 넘어 엄습해오는 악취와 쓰레기 태우는 열기로 숨이 턱 막힐 지경이었습니다. 그때 결심했습니다. 함부로 쓰레기 만드는 일을 하지 않겠다고 말입니다.

　하지만 그 이후로도 열심히 사고 쓰고 버리며 쓰레기와는 아무 상관없는 사람처럼 살았습니다. 편리함 앞에서 그때의 충격은 쉽게 무뎌지고, 머릿속 지식이 일상을 바꾸는 행동으로까지 이어지지 않은 거죠. 그러던 중 최근 심심찮게 기후변화 대책을 요구하는 전 세계 수많은 청소년들의 시위를 보면서 정신을 차렸습니다. 요즘은 '쓰레기 덕질'을 하냐는 소리를 들을 만큼 쓰레기 줄이기에 힘을 기울이고 있습니다.

　지금 우리는 환경파괴로 삶이 위협당하는 절박한 환경시대에 살고 있습니다. 30년 전만 해도 환경문제는 배부른 사람의 호사 취미처럼 여겨졌습니다. 경제 성장을 하고 나서, 실업 문제를 좀 줄이고 나서 생각해도 되는 문제로 여겼습니다. 그러나 오랫동안 계속된 무분별한 소비는 환경오염과 기후변화라는 부작용을 낳았죠. 사람들은 어리석은 저처럼 이제 깨닫습니다. 경제 성장과 환경문제는 떼려야 뗄 수 없는 관계라는 사실을요.

환경문제는 심각합니다. 잇따르는 이상고온, 폭염과 폭우, 태풍, 산불과 가뭄, 광합성을 하지 않는 나무들, 멸종하는 동물들, 가라앉는 나라들, 사라지는 모래톱……. 게다가 코로나19 팬데믹까지 겪으며 지구는 인간이 편히 살 수 없는 땅이 되었음을 실감합니다. 이모든 게 지구온난화 때문입니다. 아니, 정확히 말하면 이산화탄소를 마구 배출한 '지금 살아있는 인류의 책임'입니다.

인류가 그동안 사용한 화석연료의 85%는 2차 세계대전이 끝날 무렵부터 지금까지 쓴 것입니다. 즉, 지구온난화란 인류가 산업시대 전체에 걸쳐 자기 파멸을 향해 달려가는 이야기가 아니라, 실상은 '한 세대가 만들어낸 결과'에 불과합니다. 어쩜 지금의 지구 환경을 산업화 이전으로 돌이키기에는 이미 늦었는지도 모릅니다.

그렇다면 정말로 인류의 환경 미래는 어두운 것일까요. 환경파괴는 인류가 그동안 살아온 방식이 얼마나 잘못되었나를 깨닫게 하려는 지구의 또 다른 선물일 수 있습니다. 앞만 보고 달리는 경주마 같은 인류에게 다르게 살아보라고 지구가 전하는 메시지일 수 있습니다.

인간은 자연에 비해 아주 미약한 존재이지만 또 큰 존재입니다. 그렇기에 환경파괴로 고통받는 이웃들을 둘러보면서 지구를 지킬 다양한 방법을 찾아낼 것입니다. 이미 지구촌 곳곳에서 그런 노력들이 이루어지고 있으니까요.

이 책은 지금까지 써온 제 칼럼들을 모아 엮은 것입니다. 지구의 환경을 지켜가는 데 이 책이 작은 힘이 될 수 있기를 희망합니다. 미숙한 글을 출판해주신 '지식공감', 그리고 끊임없이 저를 응원해주는 사랑하는 가족에게 감사드립니다.

CONTENTS

I

–

극지방의 위기,
빙하는 계속 녹는 중

북극에 신종 바이러스가 잠들어 있다?

- 고대 미생물

북극의 영구동토층이 녹으면 어떻게 될까요? 매머드의 사체들이 여기저기서 드러날까요? 그럼 그 안에 공생하던 미생물은 어떻게 될까요? 이처럼 지구온난화로 인해 수천, 수만 년 동안 잠들었던 미지의 미생물들이 자연스럽게 깨어날 우려가 제기되고 있습니다.

일반적으로 영구동토는 2년 이상 온도가 0℃ 이하인 땅을 뜻합니다. 여름 동안에도 땅속에 있는 영구동토는 얼어 있죠. 북반구에서는 러시아 영토의 60%, 캐나다 북부의 50%, 알래스카의 85% 정도가 영구동토입니다. 특히 북극의 영구동토에는 오랜 시간 축적된 동식물 사체와 미생물이 언 상태로 보존되어 있습니다. 홍적세[1]의 거대 동물이나 천연두에 희생된 동물들이 묻혀 있을 수도 있습니다. 과학자들은 힘들게 채집한 미생물 샘플에서 유전자(DNA) 분석을 통

---

1)_ 약 258만 년 전부터 1만 2000년 전까지의 시기이며 이때의 대표적 동물로 매머드가 있음

지구의 마지막 1분

해 새로운 박테리아를 발견하기도 하고, 이제껏 발견된 적 없는 미생물을 만나기도 합니다.

| 홍적세 시대의 매머드 화석이 드러나면 잠들어 있던 미생물이 깨어날지도 몰라요.

게다가 영구동토에 얼어 있던 적지 않은 양의 유기체가 녹아 활성화되어 호흡하면서 이산화탄소와 메탄가스 형태로 온실기체를 마구 내뿜어 지구온난화를 급격히 가속시킬 수도 있다고 합니다. 과학자들은 더 늦기 전에 녹아내리는 영구동토층에 대한 대책을 세워야 한다고 목소리를 높이고 있죠.

인류가 접하지 못한 미생물의 공격

2021년 미국 메인대학교 기후변화연구소의 킴벌리 마이너(Kimberley Miner) 교수는 미생물 환경 전문가를 비롯해 탄소 순환 전문가와 함께 깨어나는 북극 미생물에 대한 연구 지침을 마련할 것을 미국 과학잡지 〈사이언티픽 아메리칸〉에서 제안했습니다. 1987년 무르만스크 선언[2] 후 러시아가 북극을 개방하면서 세계의 북극 연구는 본격화되었습니다. 하지만 막상 연구를 시작하자 영구동토층의 녹는 속도가 점점 더 빨라지고 있다는 것을 알게 되었죠.

세계빙하감시기구(WGMS)에 따르면 세계적으로 빙하가 녹아내리는 비율은 지난 5년간 2배 가까이 늘었습니다. 독일 알프레드 베게너 극지해양연구소(AWI)의 보리스 비스카본 연구원 팀은 2007년부터 2016년까지 전 세계 영구동토층 154곳의 땅속 온도 변화를 분석했는데, 그 결과 평균 0.29℃ 따뜻해진 것으로 나타났죠. 온도가 크게 높아진 곳은 1℃ 가까이 올라가기도 했습니다. 특히 지난 10년 동안 북극의 온난화는 지구의 다른 지역들보다 4배나 더 빨리 진행되었습니다.

2021년 1월 미국과 중국 공동연구팀은 영구동토층인 티베트 굴리야 빙하를 굴착해 1만 5000년 전 형성된 것으로 보이는 바이러스 샘플을 확보했습니다. 샘플 속에는 우리가 알고 있는 4종의 바이러스와 처음 보는 28종의 새로운 바이러스가 들어있었죠. 이 바이러스들은 빙하기 때 만년설에 갇힌 것으로 추정됩니다.

바이러스는 최장 10만 년까지 무생물 상태로 빙하 속에서 동면이

2]_ 고르바초프 서기장이 북극권 개방과 북극 평화지역 설립 제안을 담아 발표

가능하며 기온이 따뜻해지면 활동을 재개합니다. 2015년에는 프랑스 국립과학연구센터 연구팀이 시베리아 영구동토층에서 잠자던 3만 년 전 바이러스를 발견하기도 했습니다.

이처럼 봉인되었던 유기체들이 다시 살아나면 완전히 새로운 방식으로 현대 환경과 상호작용할 것으로 예상됩니다. 동물과 인간의 접촉을 통해 북극의 전혀 새로운 병원균이 우리의 환경으로 유입되거나 홍적세의 유기체가 깨어나 인간에게 새로운 위협을 가할지도 모르죠. 반대로 현대의 병원균이 북극으로 들어갈 가능성도 커질 겁니다.

또 어떤 미생물은 북극의 추위에 매우 잘 적응하며 살아가겠지만, 어떤 미생물은 온난화로 인해 아예 사라질 수도 있습니다. 과학자들은 영구동토층이 녹아 전염병을 일으킬 수 있는 고대 바이러스들이 면역력이 없는 인간 사회와 접촉하는 것을 최악의 시나리오로 봅니다. 우리는 지금도 코로나19 바이러스의 공격에서 자유롭지 못합니다. 그런데 영구동토층에서 잠자고 있던 잠재적 위험군인 고대 바이러스가 지구를 덮친다면 어떻게 될까요?

2016년 여름, 러시아 시베리아 지역에서 탄저병이 발생해 주민들이 공포에 떨었던 일도 그러한 하나의 사례입니다. 시베리아 영구동토층이 녹으면서 약 75년 전 탄저병으로 죽은 순록 한 마리의 사체가 분해돼 몸속에 갇혀 있던 탄저균이 나와서 순록 2,300여 마리가 떼죽음을 당했고, 12세 목동 1명이 숨졌습니다.

마이너 교수는 영구동토층이 녹아내리는 이상 이 같은 일은 언제든지 일어날 수 있다며 시급히 대책을 세워야 한다고 말합니다. 아직은 북극 미생물에 대한 데이터가 부족해 정확한 위험을 평가하기는 어렵습니다. 하지만 북극과 그 밖의 지역사회를 보호하기 위해서는 북극 연구를 위한 국제적 지침을 마련해 미생물을 감시해야 한다고 강하게 주장하고 있습니다.

이산화탄소와 메탄 대량 발생 위험

영구동토층이 녹으면 녹은 땅에서 식물이 자라 광합성을 통해 대기의 이산화탄소를 흡수하니 좋은 게 아니냐고 생각하는 사람도 있을지 모릅니다. 이에 대해 마이너 교수는 식물이 흡수하는 양보다 영구동토층이 녹으면서 내뿜는 이산화탄소의 양이 훨씬 더 많은 게 문제라고 합니다.

영구동토층이 빨리 녹으면 지반이 꺼지며 물이 고이는 '열 카르스트' 지형이 만들어집니다. 시베리아와 캐나다 북부에도 열 카르스트 지형이 생겨난 곳이 있는데, 이 지형이 생기면 물웅덩이 아래의 영구동토가 더 빨리 녹으면서 미생물이 대기의 산소와 접촉해 식물과 동물의 잔해를 부패시키기 때문에 대량의 메탄과 이산화탄소가 방출됩니다. 2018년 8월, 미국 항공우주국(NASA)의 북극-북방 취약성 실험팀은 열 카르스트가 만들어진 곳에서 1.25~1.9배 더 많은 이산화탄소가 배출되고 있는 것을 확인했습니다.

그린란드와 인접한 캐나다의
열 카르스트 지형

　또 영구동토층 안에는 수만 년 전 땅에 묻힌 유기체가 오랜 시간
에 걸쳐 변화되면서 만들어진 석유, 석탄, 가스 등이 묻혀 있습니다.
이 가스의 대부분이 메탄입니다. 메탄은 이산화탄소보다 20배 강력
한 온실가스 효과를 낸다고 알려져 있습니다. 땅이 얼어 굳어 있다
면 기체가 빠져나오기 힘들지만 녹은 영구동토층에서는 기체가 쉽
게 빠져나올 수 있죠. 결국 온난화로 영구동토층이 녹으면 온실가스
때문에 온난화가 더 빨라지는 악순환이 시작됩니다.

　2019년 8월 18일 아이슬란드에서는 기후변화로 녹아내려 최초로
빙하의 지위를 잃은 오크 빙하의 '장례식'을 치르면서 지구온난화의
심각성을 경고했습니다. 아이슬란드에서는 지난 5년간 약 400개의
빙하 중 소형 빙하 56개가 녹아내렸고, 지구온난화가 계속될 경우
남은 빙하들도 200년 이내에 모두 사라질 것으로 전망했습니다.

　그나마 다행인 것은 영구동토의 미생물 중에는 메탄을 생성하는
고세균 '메탄노제닉 아르케아'와 메탄을 소비하는 '메탄자화균'이 함

께 존재한다는 사실입니다. 두 미생물 사이의 균형이 미래의 기후온
난화를 결정하는 데 중요한 역할을 할 것으로 보입니다. 이러한 관
성이 작용해서 영구동토의 탄소가 단번에 대기 중 이산화탄소로 바
뀌지는 않을 것이라는 게 전문가들의 설명입니다.

세계 최대 빙산 'A-76'의 운명
- 빙하 붕괴

남극 대륙의 론 빙붕(氷棚)에서 세계 최대의 빙산이 바다로 떨어져 나왔습니다. 길이 170km, 폭 25km, 면적 4,320㎢에 달하는 어마어마한 규모의 빙산입니다. 제주도 면적(1,847㎢)의 2배가 훌쩍 넘고(2.3배), 스페인의 마요르카섬(3,640㎢)보다 더 큰, 현존하는 빙산 중 가장 큰 빙산입니다.

이전에는 웨들해에 있는 면적 약 3,338㎢의 A-23a가 가장 큰 빙산이었습니다. 과거와 달리 최근엔 거대한 얼음층이 쪼개지는 식으로 빙산이 떨어져 나옵니다. 빙붕에서 이 같은 빙산이 계속 떨어져 나오는 이유는 무엇일까요?

🌍 론 빙붕 서쪽 일부분 떨어져 나가

2021년 5월 20일(현지시각), 유럽우주국(ESA)은 남극 웨들해에 있는 론 빙붕의 서쪽 부분 일부가 떨어져 나가는 모습을 관측했습니다.

빙붕에서 빙산이 분리된 모습은 ESA의 인공위성 코페르니쿠스 센티넬-1이 포착했고, 영국 남극조사단 소속 해양학자 케이스 마킨슨이 이를 처음 탐지했습니다. 현장 연구자들의 발길이 닿지 않은 남극의 위험한 변화를 위성이 한눈에 파악한 것입니다. 위성의 눈은 대륙의 중심에서부터 바다와 맞닿은 가장자리까지 남극 전역을 향하고 있었습니다.

  론 빙붕에서 떨어져 나온 빙산의 이름은 'A-76'입니다. 빙산의 이름은 남극 사분면(0-90W) 가운데 어디에서 몇 번째로 분리된 빙산인지를 토대로 숫자가 순차적으로 붙습니다. 'A-76'의 경우 남극 A사분면에서 76번째로 떨어져 나온 빙산임을 의미합니다. 만약 이 빙산이 깨져서 다시 여러 조각으로 분리되면 각각에 알파벳이 추가됩니다. 예를 들어 A-76이 다시 3조각으로 분리된다면 각각을 A-76a,

| 론 빙붕에서 떨어져 나온 A-76은 세계에서 가장 큰 빙산입니다.

A-76b, A-76c로 표현합니다.

여기서 잠깐 빙하, 빙상, 빙붕, 빙산이 어떻게 다른지 정리해 볼까요?

우리에게 가장 익숙한 단어인 빙하는 눈이 겹겹이 쌓여 다져져서 만들어진 두꺼운 얼음층입니다. 극지방이나 알프스산맥 같은 고산지대에서는 눈이 거의 녹지 않고 계속 쌓입니다. 두껍게 쌓인 눈은 무게에 눌려 눈 사이의 간격이 치밀해지고, 오랜 기간 쌓여 눌리면 마치 퇴적물이 쌓여 암석이 생성되듯 거대한 얼음층이 형성되는데, 이것이 빙하입니다.

빙하는 다시 빙상과 빙붕으로 구분됩니다. 빙상은 땅을 넓게 덮고 있는, 그러니까 전부 육지 위에 펼쳐진 얼음덩어리입니다. 보통 면적이 5만㎢ 이상인 거대한 얼음 평원으로, 주로 남극과 그린란드에 펼쳐져 있습니다. 반면 빙붕은 빙하나 빙상이 바다를 만나 이루고 있는 수십~수백m 두께의 거대한 얼음덩어리입니다. 대륙에서 다량의 얼음, 즉 빙하나 빙상 층이 중력에 의해 흘러내리다가 바다를 만나게 되면 밀도 때문에 가라앉지 못하고 해수면을 따라 퍼지게 됩니다. 이때 이 얼음층이 해수면을 덮으면서 넓고 두꺼운 얼음 면을 이루게 되는데 이것이 빙붕입니다. 따라서 민물로 이뤄진 빙붕은 바닷물이 꽁꽁 얼어 만들어진 해빙(sea ice)과는 근본이 다릅니다.

한편 빙붕에서 떨어져 나와 바다에 둥둥 떠다니는 것이 바로 빙산입니다. 빙붕은 기온 상승으로 생긴 균열에 얼음보다 무거운 물이 들어가면 틈새가 더욱 벌어지는 원리로 붕괴하는 것으로 알려져 있습니다. 과거 조상들이 큰 바위를 쪼개던 원리를 아시나요? 커다란 바위에 일정하게 구멍을 뚫고 쐐기를 박습니다. 그리고 쐐기에 물을 붓죠. 마르면 또 붓고, 그게 다입니다. 결국 물에 불은 쐐기가 팽창하면서 거대한 바위는 쪼개지죠. 빙붕도 마찬가지입니다. 틈새에 들어간 물이 쐐기의 역할을 하는 것입니다.

남극의 빙붕은 매우 급속한 속도로 붕괴되고 있습니다. 빙붕의 붕괴보다 더 심각한 문제를 유발하는 것은 빙상이 녹는 것입니다. 빙상이 녹으면 해수면 수위가 올라가 지구 전체에 막대한 영향을 미치게 됩니다. 남극 대륙은 약 97%가 얼음으로 덮여 있습니다. 지구 위에 존재하는 얼음의 약 90%를 차지하는 양이죠.

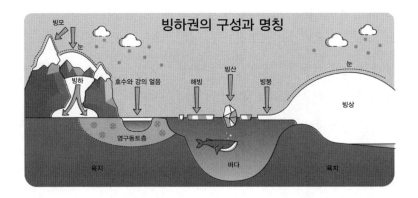

지구의 마지막 1분

A-76은 현재 웨들해에서 표류하고 있습니다. 대부분의 빙산은 빙붕에서 떨어진 뒤 곧바로 먼 바다로 이동하면서 녹아내립니다. 하지만 웨들해는 수심이 얕아 빙산이 오래도록 머무르는 경우가 많습니다. 2017년 라르센 C 빙붕에서 떨어져 나온 A-68도 그중의 하나입니다. A-68은 길이 160㎞, 얼음 두께 300m, 면적이 5800㎢로 역대 세계 최대의 빙산으로 기록됐습니다. 크기가 얼마나 컸던지 '작은 나라'로 불렸을 정도입니다. A-68은 빙붕에서 떨어져 나온 뒤 2년간 웨들해에 머물렀고, 빙산의 크기 변화도 거의 없었습니다.

그러다가 2019년부터 웨들해에서 탈출해 남아메리카와 남극 대륙 사이의 드레이크해협으로 이동을 시작했습니다. 얼음덩어리도 급격히 쪼개지기 시작했죠. 처음엔 A-68에서 3개의 조각이 떨어져 나와 각각의 얼음덩어리에 A-68a, A-68b, A-68c 등의 이름이 붙여졌지만, 그 수가 계속 늘어나 점점 작아진 A-68은 빙산이 아닌 그냥 얼음덩어리가 되었습니다. 세계에서 가장 큰 빙산이었던 A-68이 쪼개지고 또 쪼개지다가 결국 최후를 맞은 셈입니다.

2020년에는 A-68a가 영국령인 남대서양 사우스조지아섬 연안까지 접근하면서 섬과 충돌하거나 앞바다에 머물 가능성이 커져 위기감마저 감돌았습니다. 사우스조지아섬은 야생동물의 낙원인데, 섬에 거대한 빙산이 충돌하거나 바닷길을 막으면 펭귄과 바다표범처럼 먹이(물고기나 크릴새우)를 찾아 먼 거리를 이동해야 하는 동물들에게 큰 영향을 미치기 때문입니다. 빙산이 육지 포식자들의 사냥 범위에 치명적인 셈이죠. 다행히 A-68a 빙산은 지구온난화로 높아진 따뜻한 바닷물, 대서양의 높은 기온, 강한 대서양 파도의 영향으로 또다시 여러 조각으로 나뉘면서 빠르게 녹아 자취를 감췄습니다.

A-76은 기후변화와 무관

과학자들은 온난화의 영향을 알 수 있는 지표의 하나로 남극 얼음에 주목하고 있습니다. 남극 얼음의 융해 현상이 온난화의 진행을 가장 잘 나타내는 지수의 하나이기 때문입니다. 남극은 지구의 건강도를 알려주는 척도입니다. 남극의 빙산이 녹고 있다는 것은 지구가 건강하지 못하다는 증거입니다. 그렇다면 A-76이 론 빙붕에서 떨어져 나온 것도 지구온난화로 인한 기후변화 때문일까요?

영국 남극조사단의 빙하학자들은 A-76 빙산의 분리는 기후변화 때문이 아니라 자연 순환의 일환이라고 설명합니다. 빙붕에서는 일정한 간격을 두고 주기적으로 얼음덩어리가 쪼개져 나가는데 A-76 또한 주기가 되어 떨어져 나간 자연현상이라는 것입니다. 주기적인 붕괴 현상에서 나오는 얼음덩어리의 크기치곤 거대하지만 말이죠.

영국 남극조사단의 빙하학자들은 또 A-76이 곧 두세 조각으로 더 쪼개질 것으로 보고 있습니다. 다만 A-76은 분리 전에도 육지가 아닌 바다 위에 떠 있었기 때문에 이로 인해 해수면이 상승하진 않을 것이라고 말합니다. 그렇더라도 빙산이 어디로 이동해서 사라지느냐에 따라 주위에 영향을 미칠 수 있기 때문에 주의 깊게 관찰해야 한다네요.

Global Warming +

"남극이 위험해요" 황제펭귄의 고발
- 황제펭귄

매년 4월 25일은 '세계 펭귄의 날'입니다. 이맘때면 혹한기를 피해 새끼에게 줄 먹이와 터전을 찾으려고 이동하는 펭귄을 보호하자는 취지에서 지정한 날입니다.

그런데 가속화하는 온난화 앞에 황제펭귄이 최근 3년 사이 갑자기 1만 마리 이상 줄면서 군집이 사실상 사라졌다는 충격적인 연구 결과가 발표되어 주목받고 있습니다. 남극의 황제펭귄은 북극의 북극곰처럼 기후변화의 위협을 상징하는 대표적 이미지로 자리 잡고 있죠.

이상기후로 3년째 새끼 길러내지 못해

황제펭귄은 펭귄 종류 중 가장 덩치가 크고 무거운 종입니다. 평균 키 1.2m, 몸무게 35㎏의 당당한 몸체가 특징입니다. 수명은 20년. 귀와 가슴 아랫부분이 노란색으로 장식처럼 보여 황제로 불립니

26   지구의 마지막 1분

다. 그런데 남극대륙의 주인인 이들이 수명을 채우지 못하면서 개체 수가 급격히 줄고 있습니다.

2019년 4월 25일 자 국제학술지 〈남극과학〉은 '황제펭귄 군집이 최근 3년에 걸쳐 사라졌다'는 필 트라탄(Phil Trathan) 박사가 이끄는 영국남극조사단(BAS) 연구원팀의 논문을 실었습니다. 2009년부터 2018년까지 매년 9월 중순~12월 초에 남극 웨델해 근처 브런트 빙붕 핼리(Halley)만 지역의 펭귄 군집을 인공위성으로 추적해왔는데, 2016년부터 갑자기 황제펭귄 개체 수가 절반 가까이로 급격히 줄어든 사실을 발견했다는 내용입니다.

연구팀은 800㎞ 상공에서 관측한 인공위성 사진에서 '구아닌'이라고 불리는 황제펭귄 배설물을 찾아냈습니다. 남극을 촬영한 위성사진은 보통 흰색 얼음으로 가득합니다. 이 중 큰 갈색 반점으로 나타나는 배설물 집합소는 쉽게 눈에 띕니다. 이때 찍힌 황제펭귄의 배설물 숫자를 세는 방식으로 개체 수를 파악한 것입니다.

브런트 빙붕 핼리만의 황제펭귄 군집 숫자가 급격히 준 것은 관찰을 시작한 1950년대 이후 처음 나타난 현상입니다. 2016년 이전까지는 매년 평균 1만 4000~2만 3000마리의 개체 수를 유지해왔습니다. 이는 남극 전체 황제펭귄의 약 6.5~8.5%에 해당하는 개체 수로, 남극 전체 54개 군집 중 두 번째로 큰 군집입니다.

갓 태어난 새끼 펭귄의 천적은 도둑갈매기입니다. 도둑갈매기의 위협을 막기 위해 펭귄은 무리를 지어 삽니다. 2019년 당시 연구가 발표되기 전까지 황제펭귄은 남극 주변 54곳에서 60만 마리가량이

| 서식지를 잃은 황제펭귄 개체 수가 급격히 줄고 있습니다.

집단 서식하고 있는 것으로 보고되어왔습니다.

그렇다면 왜 갑자기 개체 수가 줄어든 것일까요? 연구팀은 이상기후와 기후변화를 그 원인으로 꼽았습니다.

2015년 전 세계에 60년 만에 불어닥친 가장 심한 엘니뇨 현상으로 태평양 해수면의 온도가 높아져 바닷물의 증발량이 많아졌습니다. 이에 따라 태평양 동부에 폭우와 폭풍이 발생하면서 이 영향이 핼리만 근처까지 미쳐 황제펭귄의 새끼와 알을 위협한 것으로 추정됩니다. 여기에 기후변화가 겹쳐 황제펭귄의 번식지인 해빙(바닷물이 얼어서 생긴 얼음)까지 얇아지거나 떠내려가면서 황제펭귄의 서식 환경이 불안해진 것으로 보인다고 연구팀은 분석했습니다.

황제펭귄 군집의 성장은 그들이 번식하고 새끼를 낳아 키우는 바다얼음의 상태에 크게 좌우됩니다. 각각의 군집이 오랫동안 적응해

온 균형 잡힌 바다얼음 상태가 어떤 방향으로든 급격히 변화하는 것은 군집 유지에 악영향을 끼칠 수밖에 없습니다.

연구팀은 해수 온도 변화로 주변 빙하의 상태가 변해 2016~2018년까지 3년 연속 황제펭귄이 번식에 실패한 것으로 진단했습니다. 황제펭귄은 펭귄 중에서 유일하게 남극의 혹독한 겨울에 번식하는 것으로 유명합니다. 황제펭귄 번식기인 남극의 겨울은 최저기온이 영하 40℃ 정도까지 내려가고 풍속은 시간당 약 144㎞에 달합니다. 남극의 겨울이 시작되는 4월 험한 폭풍에 떠밀려서 빙붕 주변에 형성되는 정착빙에 모여 5~6월경 새끼를 낳습니다. 그리고 새끼가 헤엄칠 수 있는 12월까지 보살펴 바다로 데려갑니다. 따라서 번식에 성공하려면 펭귄들이 도착하는 4월에서 새끼들의 깃털이 다 자라는 12월까지 해빙이 안전하게 유지돼야 합니다.

그런데 핼리만의 황제펭귄 번식지는 2016년 단 한 마리의 새끼도 보호하지 못했습니다. 영국 남극조사단이 밝힌 핼리만의 줄어든 개체는 대부분 어린 새끼들이었습니다. 엘니뇨 현상으로 해빙이 너무 일찍 무너지면서 깃털이 채 자라지 않은 새끼 황제펭귄 수천 마리가 바닷물에 빠져 죽은 것입니다. 물론 다른 번식지에서도 황제펭귄의 번식률은 매년 들쭉날쭉했지만 핼리만의 경우처럼 3년씩이나 번식에 실패한 것은 전례가 없는 일이라는 게 연구팀의 설명입니다.

🌡️🌏 금세기 말까지 최대 70% 감소 전망

황제펭귄의 종족 수가 급감한 가장 큰 이유는 물론 기후변화입니다. 바다를 덮고 있는 얼음의 감소는 황제펭귄의 서식지 자체를 축소시킵니다. 하지만 따뜻한 기온 자체가 펭귄에게 영향을 미쳤다기보다는, 해빙이 너무 많이 녹으면서 주요 먹잇감인 크릴새우가 자취를 감춘 게 더 큰 원인으로 지목됩니다. 조그만 새우를 닮은 크릴새우는 남극의 남쪽 해양에 무리 지어 사는 갑각류로 고래, 바다표범, 그리고 펭귄들의 주식입니다. 어린 크릴새우는 바다 빙산에 붙어사는 말류[3]를 먹고 삽니다. 그런데 기온이 올라가면 바다 빙산이 줄기 때문에 말류가 감소하면서 크릴새우가 굶어 죽습니다. 이에 따라 황제펭귄을 포함한 포식자들이 점차 감소하는 것입니다.

사실 바다얼음이 너무 감소해도 문제지만 너무 증가해도 문제가 됩니다. 바다를 덮고 있는 얼음이 늘어나면 부모 펭귄이 먹잇감이나 최적의 번식 장소를 찾아 떠나는 길이 너무 길어져 생활이 힘들어지기 때문이죠. 이는 성체의 생존율과 새끼에게 먹이를 공급하는 빈도를 떨어뜨려 양육 성공률을 낮추는 쪽으로 작용합니다.

영국 남극조사단은 핼리만에 남은 어른 펭귄들이 부근의 다른 서식지로 이동한 사실도 밝혀냈습니다. 핼리만에서 약 50㎞ 떨어진 도

---

3)_ 식물성 플랑크톤의 일종

슨-랜턴 빙하 근처 황제펭귄 군집의 개체 수가 2015년에 약 1200 쌍이던 것이 2016년 이후 갑자기 늘면서 2018년에는 1만 4000마리 이상이나 되었다는 것입니다. 얼음의 감소가 원래 서식지 자체를 축소시켜서 일어난 일입니다. 번식에는 실패했어도 남은 황제펭귄이 이웃 번식지로 옮겨간 것은 그나마 다행이죠.

하지만 남극의 환경이 전반적으로 나빠진다면 대책이 없습니다. 연구팀이 기후변화 모델을 적용한 연구 결과를 보면, 지금처럼 기후변화가 계속된다면 황제펭귄이 다시 한번 급격하게 감소할 수 있는 것으로 나타났습니다. 남극 바다와 얼음의 상태 등 생태적 불안정성이 계속 높아지고, 그 영향으로 2100년까지 세계의 황제펭귄이 50~70%까지 줄어드는 심각한 타격을 받게 된다는 것입니다. 결국, 기후변화라는 본질적인 문제를 해결하는 것이 황제펭귄의 멸종을 막는 지름길인 셈입니다.

북극에서 기후변화를 예측하다
- 모자이크 프로젝트

2019년 10월 24일 한국의 극지연구소는 역사상 최대 규모의 북극 국제공동연구 프로그램인 '모자이크(MOSAiC) 프로젝트'에 국내 연구진들이 참여한다고 밝혔습니다. 독일극지해양연구소(AWI) 주도로 19개 나라에서 약 900여 명의 연구원이 참여하고, 예산도 1억 4000만 유로(약 1825억 원)나 투입되는 거대 프로젝트입니다.

이 같은 거대 프로젝트는 북극을 거시적인 관점에서 연구하기 때문에 한 나라에서 독자적으로는 절대로 할 수 없습니다. 각자 관심 영역에 대한 '지도'를 조금씩 그린 뒤에 합쳐야 완성할 수 있습니다. '화성보다도 모른다'는 우스갯소리가 있을 정도로 극지는 밝혀지지 않은 부분이 많습니다. 그래도 여기까지 올 수 있었던 건 국경을 넘어선 과학자들 간의 협력 덕분이었습니다.

얼음으로 예측하는 미래 기후변화

   모자이크 프로젝트는 '다년생 해빙'에 정박한 독일 쇄빙 연구선(폴라스틴호)이 북극점을 포함해 북극해를 13개월 동안 무동력으로 표류하면서 북극의 환경 변화를 종합적으로 관측하는 연구입니다. 북극의 구름과 해양의 움직임을 살피고, 가을과 겨울에 기존 빙하 위에 새롭게 형성되는 얼음인 '1년 차 얼음'의 형성 과정 등도 연구합니다.

   다년생 해빙은 형성된 지 2년 이상 된 바다 얼음으로, 여름에도 잘 녹지 않고 쇄빙선이 지나가지 못할 정도로 단단합니다. 남극은 대륙이지만 북극은 연중 얼어 있는 얼음 바다입니다. 여름(9월)에는 해빙 면적이 400만㎢ 정도지만 겨울(3월)에는 약 1300만㎢까지 늘어납니다. 해빙의 두께도 2~5m 정도로 평균 1m 정도인 남극에 비해 훨씬 두껍습니다.

   그런데 이렇게 두꺼운 북극 해빙이 인공위성 관측이 시작된 1979년 이후 지속적으로 감소하고 있습니다. 하지만 해가 뜨지 않는 겨울에는 추위와 두꺼운 해빙 때문에 접근이 어려워 현장 탐사는 주로 여름에만 제한적으로 이뤄져 왔습니다. 해빙에 부딪히면 강철로 만든 배라도 부서집니다.

   모자이크 프로젝트에서는 사계절 연구가 가능했습니다. 현장에서 관측된 북극해의 사계절 정보는 프로젝트에 참여한 연구팀에 먼저 제공됩니다. 극지연구소는 이 관측 자료를 현재 운영 중인 북극 해

| 세계 곳곳에서 쇄빙선으로 북극 관측에 나섰습니다.

빙 예측시스템의 성능 개선에 활용할 예정입니다.

　독일은 북극 전용 쇄빙선 건조에서 가장 앞서고 있는 나라입니다. 폴라스턴(Polarstern)호는 2019년 9월 20일 노르웨이 트롬쇠에서의 출항을 시작으로 2020년 10월까지 약 390일 동안 총 2500km를 이동했습니다. 승선한 연구원들은 폴라스턴호를 기지로 삼아 반경 50km 지역 안에서 관측 장비를 설치하고 현장실험을 했습니다. 폴라스턴호의 보급과 연구원의 교체는 러시아와 스웨덴, 중국의 쇄빙선이 담당했죠.

　모자이크 프로젝트는 기후변화 연구를 한 차원 끌어올린 연구로 알려져 있습니다. 극지에 쌓인 기후자료를 복원해 과거에 기후가 어떻게 변했는지 파악하고, 현재 기후변화가 얼마나 빠르게 진행되는지 정량화함으로써 미래 기후의 변화를 가장 잘 예측할 수 있습니다. 북위 80도 이북의 다년생 해빙으로 덮인 해역은 북극해 생성 및 진화의 역사와 전 지구의 기후에 어떤 영향을 미쳤는지 밝혀낼 수 있는 열쇠를 쥐고 있습니다.

과학자들은 지구온난화를 이해하고 싶다면 극지를 봐야 한다고 입을 모읍니다. 기온 상승에 따른 환경 변화가 가장 극적으로 일어나는 곳이기 때문입니다. 특히 북극은 지구상에서 기후변화에 가장 민감한 곳입니다. 그렇다면 북극 해빙이 줄어드는 것과 날씨는 어떤 연관성이 있을까요?

북극 바다에 떠 있는 해빙은 지구로 들어오는 태양에너지를 반사하는 '기온 조절자'입니다. 바다의 따뜻한 공기가 차가운 대기에 영향을 주지 않도록 해빙이 일종의 절연체 역할을 합니다. 이는 결국 북극 바다 얼음이 녹으면 북극의 기후가 급속히 높아지게 된다는 이야기입니다. 북극의 얼음은 또 대기에 유입되는 수분의 양을 제한하고 있는데, 해빙이 사라지면 폭풍을 막아주는 장벽이 사라져 초대형 폭풍이 잦아지게 됩니다. 최근의 폭풍우와 폭설, 한파 등 지구촌의 이상기후가 그 결과물입니다.

모자이크 프로젝트에서 한국은 인공위성을 이용한 원격탐사 분야를 담당했습니다. 우리나라 극지연구소 북극해빙예측사업단은 한국의 다목적 실용위성 아리랑 2·3·5호가 보낸 탐사자료를 분석해 독일 쇄빙선 폴라스턴호의 예상 항로에 위치한 해빙의 특성을 파악하고, 또 현장 활동이 수월한 지역들을 찾아내 현장의 폴라스턴호 연구팀에 전달했죠. 한국은 인공위성에서 획득한 자료를 분석해 극지를 원격탐사하는 분야에서 앞서 있습니다.

남극과 달리 북극은 엄연한 '남의 땅'입니다. 남극은 1959년 체결된 남극조약에 따라 어느 국가에도 속하지 않은 '자유의 땅'이지만 북극은 미국·캐나다·러시아·노르웨이 등 인접한 8개 국가가 영유권을 갖고 있습니다. 이들 8개국은 북극이사회 회원국으로 북극에 대한 배타적 권리를 행사합니다. 우리나라가 북극에 진출하기 위해서는 영유권 국가와 과학 연구를 통해 지속적으로 파트너십을 유지하는 게 중요합니다. 우리나라는 2013년 북극이사회 정식 옵서버[4] 자격을 얻어 북극 항로와 자원 개발에 참여할 수 있는 발판을 마련했습니다.

북극 대규모 국제공동연구에 극지연구소의 원격탐사 기술과 한국

---

4)_ 회의 등에서 특별히 출석이 허용된 사람으로, 발언권은 있으나 발의권은 없어 정식 구성원은 아님

지구의 마지막 1분

항공우주연구원의 아리랑위성이 투입되면서 국제적 기후변화 대응 연구에서 과학강국으로서의 한국 위상이 훨씬 높아졌습니다. 앞서 국내 연구진들은 2018년 여름, 남극 연구 사상 단일 프로젝트로는 가장 큰 800억 원 규모의 '스웨이츠 빙하 연구'를 미국·영국 등과 함께 시작한 바 있습니다. 윤호일 극지연구소 소장은 "2019년 연구에도 책임감을 갖고 이상기후의 원인을 파헤치는 데 역량을 집중했다"고 밝혔습니다.

2019년은 북극 해빙이 가장 많이 줄어든 해로 기록됐습니다. 1981~2010년 평균치에 비해 무려 19.8%가 줄었습니다. 지난 30년 사이엔 여름철 해빙의 75%가 사라졌습니다. 2013년 미국 해양대기청(NOAA)은 지구온난화로 33년간 북극 해빙의 절반 이상이 녹아 없어졌다고 보고했고, 일본 도쿄대학 연구팀은 2004년 이후 북극 해빙이 녹으면서 북극의 찬 공기가 남하해 유럽과 아시아에 혹독한 한파를 몰고 올 확률을 높였다고 〈네이처 지오사이언스〉에 발표한 바 있습니다.

지구촌 기온이 1.5℃ 이상 상승하면 100년에 한 번 빈도로 북극 해빙이 녹지만, 2℃로 올라갈 경우 10년에 한 번 빈도로 여름철 북극 해빙이 완전히 녹습니다. 이대로 가면 2030년대에는 빙하가 없는 북극을 보게 될지도 모릅니다.

눈과 얼음으로 뒤덮인 북극, 그 대자연은 오늘도 말이 없습니다. 인류가 살아남기 위해선 말 없는 자연의 소리에 귀 기울여야 합니다.

그린란드도 녹이는 북극의 이상 고온
- 그린란드 빙하

국토의 85%가 얼음으로 덮여 있는 덴마크자치령 그린란드. 이곳에서 엄청난 양의 얼음이 순식간에 녹아내리는 사태가 벌어졌습니다. 북극을 덮친 이상고온이 여름철 평균 2배에 해당하는 속도로 그린란드의 얼음을 녹여 하루에만 85억t의 얼음덩어리가 사라졌습니다. 이는 미국 플로리다주 전체(약 17만 312㎢)를 5㎝ 높이로 뒤덮을 수 있는 엄청난 양의 물이라고 2021년 8월 1일(한국시각) CNN 방송이 밝혔습니다. 세계의 기후 전문가들은 이 심각한 현상에 우려를 표하고 있습니다.

3일간 184억t... 녹은 범위는 역대 최고

덴마크기상연구소는 2021년 7월 25일부터 27일까지 그린란드에서 녹은 빙하의 양을 분석해 보고했습니다. 보고서에 따르면 3일간 녹은 얼음의 양은 총 184억t인데요. 그중 약 46%인 85억t이 27일단 하루에 녹아내렸습니다. 당시 미국 콜로라도대의 테드 스캄보스 선임연구원은 그린란드의 절반 가까운 동쪽 대부분 지역의 빙하가 하루에 없어졌다며, 이번 빙하 소실은 이례적이고 대단히 심각한 상황이라고 지적했습니다.

빙하는 퇴적물이 쌓여 암석이 생성되듯, 오랜 시간 녹지 않고 겹겹이 쌓인 눈의 압력으로 만들어진 두꺼운 얼음층입니다. 눈이 얼음으로 변할 때 공기가 얼음 속에 갇히기 때문에 빙하 깊은 곳은 태고부터 현재까지의 기원이 되는 눈과 공기가 시대순으로 포함된 귀중한 타임캡슐인 셈입니다.

그린란드의 빙하는 보통 여름철(6~8월) 중 7월에 녹습니다. 그런데 덴마크기상연구소는 2021년 7월의 며칠 동안 그린란드 북부지역 기온이 이례적으로 20℃ 이상을 기록했다고 밝혔습니다. 그린란드 북동쪽에 위치한 네를레리트 이나트(Nerlerit Inaat) 공항의 7월 29일 기온

| 기후변화의 영향으로 그린란드 빙산이 빠르게 녹고 있습니다.

이 기온 관측 이래 최고 수준인 23.4℃를 기록하기도 했습니다. 이 같은 기후변화로 그린란드가 직격탄을 맞아 여름철에도 잘 녹지 않는 단단한 빙하가 아이스크림처럼 쉽게 녹았다는 것입니다.

당시 3일간 녹아내린 얼음의 양은 2019년과 2012년에 이어 세 번째로 큰 규모입니다. 지난 10년 사이 그린란드의 얼음이 극단적으로 녹아내린 사건이 3번이나 발생한 것입니다. 가장 많은 양이 녹은 건 2019년 여름이었습니다. 이 한 해 동안 약 5320억t의 얼음이 녹아 바다로 흘러갔습니다. 전체 얼음 표면이 거의 녹았고 이로 인해 지구의 해수면 높이는 1.5㎜ 상승했습니다. 한편 2021년 7월 25일부터 27일까지 3일 동안 녹은 지역의 범위는 역대 최대를 기록한 2년 전보다 훨씬 넓습니다. 1970년대 위성 관측을 시작한 이래 내륙으로 가장 많이 확장되었습니다.

2021년 1월 영국 리즈대 빙하학자 토머스 슬래터 연구팀이 국제 학술지 〈빙권(Cryosphere)〉에 게재한 연구에서도 그린란드 얼음의 녹는 양은 엄청난 것으로 나타났습니다.

연구에 따르면, 1994년부터 2017년까지 23년간 지구에서 사라진 얼음 양은 28조t에 이릅니다. 이는 전 세계의 해수면을 약 35㎜ 상승시킨 요인으로 작용했습니다. 연구팀이 전 세계에서 녹아내리는 얼음 양을 알기 위해 조사한 지역은 극지만이 아닙니다. 북극, 남극, 남극해, 산악 빙하, 그린란드 빙하 등 21만 5000개에 이르는 빙원을 위성 관측 자료와 수치 모델을 비교해 분석했습니다. 그 결과 그린란드를 포함한 북극권에서 대부분의 얼음이 사라졌습니다.

사라진 얼음 28조t 중 그린란드 빙하와 남극의 얼음층인 빙붕이 50%를 차지했습니다. 6조 5000억t의 얼음이 남극에서 없어졌고, 그린란드는 이보다 더 많은 7조 6000억t의 얼음이 녹아내렸습니다.

빙하의 녹는 속도 또한 빨라졌습니다. 특히 최근 몇 년 동안 녹아내린 빙하의 양이 2000년 이전과 비교해 약 4배 더 많습니다. 빙하는 1990년대부터 녹기 시작해 2000년 이후 가속화됐습니다. 1990년대에는 매년 약 8000억t의 얼음이 녹아내렸습니다. 하지만 2000년대는 1조 2000억t이 소실됐습니다. 2010년대에는 매년 1조 3000억t의 얼음이 녹아 없어졌습니다. 1990년대 중반부터 높아지기 시작한 기온과 해수 온도가 시간이 흐를수록 점점 더 올라가 나타난 결과입니다. 기온이 상승하면 극지의 빙하가 녹아내리고, 바닷물이 따뜻해지면 빙붕과 빙산을 부숩니다.

얼음 색깔 띠며 빛 흡수 가속

최근 그린란드의 빙하 일부는 물감을 뿌린 듯 홍색으로, 빙상 일부의 가장자리는 검은색으로 변하고 있습니다. 또 남극의 일부 빙하는 녹색으로, 이탈리아 북부 알프스산맥에 쌓인 눈은 분홍색으로 변했습니다. 전문가들에 따르면 이런 현상은 지구온난화로 빙하가 녹으면서 얼음 속에 살고 있던 미생물이 드러나기 때문이라고 합니다. 온실가스 배출로 열을 품게 된 대기는 먼저 표면에 갓 생성된 흰색 얼음을 녹입니다. 이 때문에 색깔 있는 얼음이 노출된 것입니다.

남극의 녹색은 광합성작용을 하는 빙하 속의 식물성 플랑크톤이 엽록소를 통해 녹색 빛을 발합니다. 북극의 분홍색 빙하 역시 광합성을 하는 조류, 그중에서도 우뭇가사리처럼 붉은빛을 발하는 홍조류에 의해 핑크빛으로 물들어 보입니다. 대기 중에 떠다니던 에어로졸이나 검댕들이 빙상에 내려앉으면 검은색으로 보입니다.

색깔이 있는 빙하는 더 빨리 녹습니다. 땡볕에 세워놓은 검은색 차량이 더 빨리 뜨거워지는 것처럼, 색이 있으면 빛의 흡수를 가속화하기 때문입니다. 반면 하얀 눈과 하얀 얼음은 빛에너지를 반사해서 빙하를 차갑게 유지하는 역할을 합니다.

2021년 7월, 3일간의 극단적 해빙(解氷) 원인은 '아열대성 제트기류[5]'를 꼽고 있습니다. 이 기류가 한대 전선 제트(Polar jet)와 만나면서 플로리다 근교의 따뜻하고 촉촉한 공기를 북쪽으로 이끌어 그린란드로 옮겨놓았다는 것입니다. 스칸디나비아반도 북쪽의 북극해 얼음 표면 부족은 이런 온기를 추가로 약간 더 밀어 올렸고 그린란드에도 영향을 줬습니다. 설상가상으로 그린란드 상공에는 몇 주간 구름양(cloud cover)도 적어 기온 상승에 일조했습니다. 덴마크기상연구소는 이런 유형이 더 빈번할 것이라고 말합니다.

---

[5]_ 대류권 상부나 성층권의 서쪽으로부터 거의 수평으로 흐르는 강한 기류

| 색깔이 있는 빙하는 빛을 흡수해 더 빨리 녹습니다.

　빙하섬 그린란드는 세계에서 가장 큰 섬입니다. 남극에 이어 2위 수준인 그린란드의 빙하가 녹아내리면 해수면 상승과 함께 해안지역의 침수를 불러올 것입니다. 기후학자들이 그린란드 얼음에 주목하는 이유입니다.

　기후학자들은 그린란드 얼음이 모두 녹을 경우 전 세계 해수면 높이가 6m 이상 높아져 해안의 주요 도시들이 바닷물에 잠길 것으로 예측합니다. 당연히 한국도 예외가 아닙니다. 그린란드의 해빙으로 해수면 1~2m 상승을 초래하는 사태는 이미 막을 수 없는 일인지도 모릅니다. 온실가스를 줄일 대책이 시급한 이유가 여기에 있습니다.

지구온난화로 몸값 폭등한 그린란드
- 그린란드 매입 시도

2019년 8월 18일 미국과 덴마크가 그린란드섬 매입 문제를 놓고 신경전을 벌였습니다. 트럼프 대통령이 세계 최대 섬 그린란드의 매입 의사를 밝힌 데 대해 메테 프레데릭센 덴마크 총리가 "터무니없다"며 "미국에 그린란드를 팔 생각이 없다"고 일축한 것이죠. 그러자 트럼프 대통령이 불쾌감을 드러내며 9월 초로 예정된 덴마크 방문을 연기했습니다. 그렇다면 트럼프 대통령이 노골적으로 국제적 이슈를 만들어내면서까지 그린란드를 간절히 구입하려는 이유는 뭘까요?

🌡️🌏 미국이 매입 의사 밝힐 때마다 덴마크는 'NO'

사실 미국이 그린란드 매입 의사를 밝힌 것은 이때가 처음이. 아닙니다. 1867년 러시아로부터 17만㎢ 면적의 알래스카를 매입한 적이 있는 미국은 이후 그린란드와 아이슬란드 매입에도 지대한 관심을 보여왔습니다. 720만 달러를 지불하고 매입한 알래스카를 놓고 처음엔 쓸모없는 얼음 땅을 구입했다는 여론이 들끓었지만, 훗날 금광과 대형 유전이 발견되면서 미국은 세계 3위의 석유 매장량 국가가 되었습니다.

1867년 미국이 알래스카를 매입할 당시 앤드루 존슨 대통령은 그린란드도 매입할 의사가 있음을 처음으로 밝혔습니다. 하지만 거절당했죠. 1946년에는 해리 트루먼 대통령이 덴마크 정부에 그린란드를 1억 달러에 매입하겠다고 제안했으나 이 또한 실패했습니다.

현재 미국은 덴마크와 군사방위조약을 맺고 있습니다. 1951년부터 그린란드에 툴레 공군기지를 설치해 운영 중입니다. 그린란드에서 러시아의 수도 모스크바까지는 불과 3600㎞밖에 떨어져 있지 않기 때문에 지정학적으로 러시아를 대항할 미국의 군사적 요충지입니다. 툴레 공군기지에서는 '대륙간탄도미사일(ICBM) 조기 경보체계'와 '위성 추적 시스템'이 작동하고 있습니다. 러시아가 쏠지 모를 대륙간탄도미사일을 감시하는 조기 경보지만 지금은 북극권에서의 러시아 동태도 감시하고 있습니다.

그린란드는 면적 약 210만㎢ 규모의 덴마크령 섬입니다. 1721년에 덴마크 영토로 편입되었는데, 1979년부터 덴마크 정부가 그린란드의 제한적 자치권을 인정했습니다. 2008년에는 그린란드 주민들이 투표를 통해 자치권 확대 법안을 통과시켰고, 그린란드 의회는 2021년까지 덴마크로부터 독립하겠다는 의사를 밝혔습니다. 하지만 외교와 국방은 계속 덴마크가 맡고 있고, 연간 재정의 60%(5억 9000만 달러)를 덴마크에 의존하고 있습니다. 그린란드 인구는 약 5만 6000명입니다. 흔히 '에스키모'로 알려진 이누이트가 대부분으로 이들은 어업으로 생계를 유지하고 있습니다.

'그린란드(Greenland)'는 국토의 85%가 얼음 덩어리로 덮인 얼음왕국입니다. 그런데 왜 그린이라는 이름이 붙었을까요? 이는 의도된 실수입니다.

18세기 식민지를 개척할 때 사람이 많이 몰릴 듯한 아이슬란드에는 '얼음(아이스)'을 붙여 관심을 줄이고, 관심이 없을 듯한 곳에는 '초록(그린)'을 넣어 유인한 탓입니다. 결과적으로 얼음에 덮인 면적이 11%에 불과한 아이슬란드는 무지하게 추운 동토로 인식하게 됐습니다. 하지만 실제 아이슬란드는 따뜻한 멕시코만류 덕에 한겨울에도 영하 3℃ 아래로 내려가는 날이 드뭅니다. 낮에는 영상 10℃까지 오릅니다.

요즘 그린란드에 눈독을 들이는 나라는 미국만이 아닙니다. 러시아를 비롯해 중국, 캐나다 등도 북극권 진출을 놓고 경쟁을 벌이고 있어서 그 어느 때보다도 그린란드의 중요성이 부각되고 있는 상황입니다. 외신들에 따르면 강대국들이 북극에 위치한 그린란드를 탐내는 것은 '엄청난 자원과 지정학적 가치'를 염두에 두었기 때문이라는 분석입니다.

지구의 마지막 1분

🌏 그린란드의 잠재 가치

먼저 자원적 가치를 살펴봅시다. 북극은 남극과 달리 육지가 없는 해양지역입니다. 겨울철 최저온도가 영하 70℃에 달하는, 꽁꽁 언 얼음 바다입니다. 그런데 이 얼음 바다에는 엄청난 양의 석유와 천연가스, 희토류와 같은 광물자원이 풍부하게 매장된 것으로 분석되고 있습니다.

미국 지질조사국이 추정한 자료에 따르면 그린란드에는 석유가 전 세계 매장량의 13%에 달하며, 천연가스는 30%가 묻혀 있습니다. 또 다이아몬드와 금, 납, 아연, 우라늄 등도 풍부합니다. 특히 그린란드에는 전 세계가 필요로 하는 양의 25%를 공급할 수 있는 희토류가 매장돼 있습니다. 희토류는 스마트폰, 전기자동차, 첨단무기 등을 만들 때 반드시 필요한 이트륨, 스칸듐, 란탄 같은 희귀광물입니다.

하지만 이러한 천연자원은 두께가 수천 미터에 달할 정도로 거대한 빙하 아래에 있어 그동안 채굴할 엄두를 내지 못하고 있었습니다. 그런데 최근 지구온난화로 얼음이 지속적으로 녹기 시작하면서 자원개발 가능성이 커지고 있습니다. 미국 국립빙설자료센터에 따르면 2019년 7월 31일 그린란드에서 빙하가 녹는 면적은 총 빙하 면적의 60%로 나타났습니다. 이는 지난 40년간 7월 말 빙하가 녹는 면적 평균치의 4배 수준입니다. 그린란드는 지구온난화로 인한 기후변화가 가장 잘 나타나는 곳입니다.

그렇다면 지정학적 가치 면에서는 어떨까요? 북극은 북극해를 중심으로 그린란드 등의 섬과 북아메리카, 유럽, 아시아 등으로 둘러싸여 있는데 그린란드는 유럽과 북아메리카 대륙의 중간에 위치한 요충지입니다. 하지만 그동안은 그린란드 북쪽, 캐나다 북쪽 지역은 빙하가 뒤덮고 있어 캐나다와 북극 사이 바다가 가로막혀 있었습니다. 그런데 지구온난화로 이 영구동토층마저 녹아내리고 있어 닫혀 있던 곳이 곧 길처럼 열릴 것이라는 분석입니다. 러시아에서 캐나다 북부 해역, 유럽대륙을 연결하는 항로가 생길 것이라는 얘기입니다.

새로운 바닷길이 열려 선박들이 북극 연안을 활용하면 파나마운하나 수에즈운하처럼 물류 거리가 단축됩니다. 이는 곧 운송 기간이 짧아져 물류비용 또한 줄어 경제적 효율성을 높일 수 있음을 의미합니다. 러시아와 캐나다, 미국이 북극 영해 범위를 두고 다투는 이유가 이처럼 지정학적 가치가 높기 때문입니다.

여기에 중국이 지난해 '북극정책 백서'를 발표하면서 북극 항로 개척에 끼어들었습니다. 육상 실크로드와 해상 실크로드에 이은 '북극 실크로드' 사업을 통해 유럽으로 통하는 수출 길을 추진하겠다는 것이죠. 트럼프 대통령이 나서서 북극해의 전략적 요충지인 그린란드를 사들이려 하는 데는 북극 패권을 노리는 중국을 견제하기 위함도 있습니다.

지구의 마지막 1분

세계의 과학자들은 그린란드의 얼음이 녹을까 노심초사하고 있지만, 점점 빨리 녹아내리는 빙하 속에서 그린란드의 경제적 가치는 되레 치솟고 있습니다. 또 그만큼 재정독립 가능성 또한 높아지고 있습니다. 지구온난화가 그린란드를 황금의 땅으로 만들어줄지 지켜볼 일입니다.

II

-

변덕스러운 날씨,
어느 장단에 맞추지?

'코로나19' 주범, 중국만이 아니다?
- 야생동물 서식지 변화

코로나19(COVID-19)의 진짜 범인은 기후변화일 가능성이 크답니다.

2021년 2월 영국 케임브리지대와 미국 하와이대 공동연구팀은 온실가스 배출 증가에 따른 지구온난화에 관해 연구한 결과를 발표했습니다. 지난 100년간 중국 윈난성 등 남부 지역과 라오스·미얀마 등의 남아시아 지역의 기후가 급격히 변화했고, 이에 따라 박쥐가 살기 좋은 식생으로 바뀌면서 '박쥐 기원의 코로나19' 시나리오가 등장했을 가능성이 크다는 게 연구팀의 분석 내용입니다. 이들의 연구는 환경생태 분야의 국제학술지 〈종합 환경과학〉에 공개됐습니다.

최근 100년간 박쥐 40종 증가

공동 연구팀은 중국 남부의 윈난성 지역과 인근 미얀마, 그리고 라오스 지역의 100년간 식생 변화를 추적·조사했습니다. 이를 위해 초목의 성장에 영향을 끼치는 온도와 강수량, 구름의 양, 일사량,

이산화탄소 농도 등의 기상 기록 자료를 토대로 '식생 변화 지도'를 만들었습니다.

이 지도에 따르면 100여 년 전 열대 관목수림이었던 지역이 현재는 박쥐가 서식하기 좋은 열대 사바나와 낙엽수림으로 바뀌었습니다. 사람의 키보다 작은 관목이 즐비한 열대 관목수림보다는 열대 사바나와 낙엽수림이 박쥐의 먹이를 풍부하게 만들죠.

그렇다면 박쥐 종들에게 알맞은 환경으로 탈바꿈한 이들 지역에 박쥐들은 얼마나 많이 늘었을까요?

| 우한의 박쥐들

이를 알아내기 위해 연구팀은 세계 박쥐 종들이 선호하는 식생 정보를 사용해 종별 세계 분포도를 그린 다음, 1900년대 초반에 전 세계에 분포한 박쥐 종과 현재 분포된 박쥐 종을 분석했습니다. 그 결과 최근 100년간 40종의 박쥐가 중국 남부를 비롯해 인근의 라오스, 미얀마 지역에 새로 등장한 것으로 밝혀졌습니다. 아프리카와

중남미 지역에도 박쥐 숫자가 늘어났죠. 특히 중국 남부 지역은 가장 많은 박쥐 종이 증가했습니다.

케임브리지대 동물학부 연구원 로버트 베이어는 "박

| 천산갑

쥐 종이 증가한 중국 남부 지역은 급성중증호흡기증후군(사스)과 코로나19의 발생지이며 코로나19의 중간 숙주로 지목된 천산갑의 주요 서식지와 일치하는 곳"이라고 말했습니다. 코로나19 바이러스는 박쥐에서 천산갑으로 종간 전파된 것으로 알려져 있고, 코로나19가 처음 발생한 곳으로 지목되는 후베이성 우한 야생동물 노천시장에서는 당시 주민들이 박쥐와 천산갑을 사고판 것으로 밝혀졌죠.

연구팀은 유전자 분석을 통해 100종 이상의 박쥐 기원 코로나19 바이러스가 이들 40종의 박쥐에 숙주로 살고 있음을 발견했습니다. 전 세계에 서식하고 있는 박쥐는 1,100여 종으로, 이들에게는 약 3,000종의 서로 다른 코로나바이러스가 존재합니다. 결국 한 종마다 평균 2.7종의 코로나바이러스를 보유하고 있다는 이야기죠.

연구팀의 연구 결과 핵심은 지난 100년간 중국 남부의 윈난성과 인근 미얀마, 그리고 라오스 지역을 박쥐 종들이 더 많이 살 수 있는 서식지로 바꿔놓은 원인이 곧 기후변화라는 겁니다. 기후변화로 서식 환경이 바뀌자 박쥐 종들이 바이러스를 보유한 채 살기 좋은 다른 지역으로 넓게 이동했기 때문에 중국 남부 등이 바이러스가 존재하는 지역이 되었다는 것입니다.

이들 지역에서는 인간을 감염시키는 바이러스 변이가 일어날 가능성 또한 높아졌습니다. 감염병 학자들은 특정 지역에 갑자기 박쥐 종이 늘어나면 사람이 감염될 수 있는 바이러스의 등장 가능성도 커진다고 보고 있습니다.

코로나 발생 초기에 세계보건기구(WHO)는 중국 우한에 전문가팀을 파견해 코로나19의 기원을 조사하게 했습니다. 조사팀은 처음에 우한에서 중요한 단서를 발견했다고 밝혔다가 기자회견에서 갑자기 우한이 발원지라는 증거를 찾지 못했다고 입장을 바꿔 논란이 되었죠. 이를 두고 중국의 영향력 때문이 아니냐는 의심도 제기됐습니다.

그런데 우리가 주목해야 할 진짜 원인은 눈에 보이는 대상이 아니라 보이지 않는 자연의 반격에 있는 듯합니다. 단순히 최초 발생지가 중국이냐 아니냐를 넘어서서, 치명적 바이러스의 등장 원인이 궁극적으로 기후변화에 있다는 데에 주목하고, 이에 대응해야 더욱 심각한 전 인류적 재앙을 막을 수 있을 듯합니다.

애초부터 박쥐의 몸속에는 다양한 바이러스가 많이 살고 있습니다. 하지만 독특한 면역체계 때문에 염증 반응이 없어 박쥐의 건강에는 아무런 문제가 없죠. 다만 박쥐는 바이러스의 핵심 숙주[6] 역할을 할 뿐입니다.

박쥐는 체온이 다른 포유류에 비해 2~3℃ 높기 때문에 높은 온도에서 활성화되는 면역체계가 항상 활발합니다. 박쥐의 높은 체온이 다른 포유류가 바이러스 감염 때 보이는 발열반응과 비슷해서 병에 걸리지 않고 다수의 바이러스를 보유하고 있는 것입니다. 이러한 박쥐를 숙주로 삼은 바이러스가 문명사회에 침투하고 있는 현 상황은 자연이 기후변화를 일으킨 인류에게 주는 경고입니다.

세계적 경제학자이자 미래학자인 제러미 리프킨은 이미 2014년 바이러스에 대한 섬뜩한 예언을 한 바 있습니다. 인류의 무절제한 자연 파괴와 자원 낭비가 기후변화를 가져왔고, 이것이 생태계의 교란과 붕괴로 이어지며, 궁극적으로는 야생동물의 이동과 함께 바이러스의 창궐을 가져올 것이라는 주장이었습니다.

6]_ 기생(parasitism) 또는 공생(symbiosis)하는 생명체에 영양분과 서식지를 제공하는 동식물 개체

지금도 과학자들은 기후변화와 코로나19의 연관성을 이야기하면서 기후변화 위기의 심각성을 지적합니다. 하지만 기후변화는 코로나19 대유행처럼 눈에 띄게 큰 심각성을 느끼기 어렵습니다. 그저 '상황이 안 좋은 것 같기는 한데 글쎄…'라며 다들 적극적인 대응책을 내놓지 않죠.

　연구팀의 연구에서 기후변화가 바이러스성 감염병 발생에 실질적 영향을 미친다는 사실이 확인된 만큼 본질적 문제 해결을 위해 세계가 적극적으로 기후변화에 대응해야겠습니다. 코로나19가 전 세계에 엄청난 사회적·경제적 피해를 준 만큼 바이러스성 감염병의 종간 전파를 막기 위해 자연 서식지 보호와 야생동물 거래 금지 등 광범위한 노력이 절실하죠. 또 이런 노력이 앞으로 등장할 다른 감염병 위협을 줄이는 기회가 될 것입니다.

　기후변화의 재앙은 이제 전쟁에 버금가는 현실입니다. 코로나19 바이러스가 그저 두려운 수준이라면 기후변화 위기는 지구촌을 사라지게 할지도 모를 공포감 수준이죠.

　지금 자연이 주는 경고에 더욱 귀를 기울여야 할 것입니다.

여기가 겨울왕국?
- 라니냐와 강추위

2021년 말 미국 국립해양대기청(NOAA)은 라니냐(저수온 현상)가 기상 이변을 불러일으킬 거로 전망했습니다. 라니냐가 12월부터 본격적으로 발생해 2022년 2월까지 지속될 확률이 87%에 달한다며 주의보를 발령했죠. 당시 NOAA의 마이크 할퍼트(Mike Halpert) 부국장은 라니냐의 발생으로 동태평양의 바다 수온이 낮아지면서 기온과 강수량에 영향을 미쳐 혹독하게 춥고 눈이 많이 내리는 북반구의 겨울이 될 것이라고 경고했습니다.

 한파·홍수·가뭄... 곳곳에서 라니냐 징후

지구는 대기와 해류의 순환을 통해 열에너지가 이동하여 평형 상태를 유지합니다. 적도 지역 동태평양도 남아메리카 페루의 열대 연안 해역에서 대기 대순환의 하나인 무역풍이 불어 연안 해수가 외해로 이동하고 심층의 찬물이 올라와 평소 20℃ 정도의 수온을 유지

합니다. 이런 정상적 상태를 깨뜨리는 두 가지 상반된 기후 패턴이
바로 라니냐와 엘니뇨입니다.

라니냐(La Nina)는 스페인어로 '여자아이'라는 뜻으로, 동태평양의
월평균 해수면 온도가 평소보다 0.5℃ 이상 낮은 상태가 최소 5개
월 이상 지속될 때 선포됩니다. 최대 3~5℃ 떨어지기도 합니다. 동
태평양은 태평양을 동서로 나눌 때 동쪽에 위치하는 부분입니다. 아
메리카와 오세아니아 쪽에 붙어 있고 대서양과 연결됩니다. 미국 연
안, 폴리네시아 천해, 파나마운하 서부도 동태평양의 범주에 들어갑
니다. 하와이도 여기 포함됩니다.

그럼 라니냐 현상은 왜 발생할까요? 동태평양에 평소보다 강한 무
역풍이 발달하기 때문입니다. 이 무역풍이 적도를 따라 서쪽으로 불
면서 따뜻한 남미 태평양의 물을 서쪽 아시아 쪽으로 밀어내고, 따뜻
한 물이 밀려난 그 자리에 바다 깊은 곳의 차가운 물이 더 많이 솟아
올라와 채우는 용승(upwelling)이 생기면서 해수 온도가 낮아집니다. 용
승류에는 각종 먹이가 풍부하게 들어있어 라니냐가 발생하면 세계 최
대 어장 가운데 하나인 페루 앞바다가 황금어장으로 변합니다.

반대로 무역풍이 약해지면 용승이 약해지고 적도 태평양의 서쪽
으로부터 고온의 해수가 역류해와 동태평양 해수면 온도가 평소보
다 높아집니다. 이것이 엘니뇨(El Nino) 현상으로, 스페인어로 '남자아
이'라는 뜻입니다. 엘니뇨가 발생하면 평소보다 동태평양의 수온이
0.5℃ 이상 높아지고, 심할 때는 5℃까지 오릅니다. 즉 라니냐와 엘
니뇨는 해수면 온도 변화라는 점에서 같은 현상이고, 다만 온도가

마이너스(–)냐 플러스(+)냐의 차이일 뿐입니다.

라니냐가 발생하면 지구촌에는 어떤 현상이 나타날까요? 동태평양의 해수면 온도가 떨어지면 서태평양의 대기 순환이 바뀌어 두 태평양 인근 지역에 심각한 기상이변이 발생합니다. 먼저 열대 중앙 태평양과 동태평양이 예년보다 비가 적게 내립니다. 남아메리카의 페루·칠레 지역이 건조한 날씨로 가뭄에 시달려 산림과 초지가 바싹 마르고 산불 위험성이 커집니다. 반대로 인도네시아와 필리핀 등 서태평양의 동남아시아 지역에는 열대성 저기압이 발달하거나 진입해 예년보다 비가 더 많이 내려서 홍수사태가 잦아지고 심할 경우 해일까지 일어날 수 있습니다. 호주의 여름은 더 습하고 폭풍우가 몰아치는 경향이 있습니다.

한편 북아메리카, 유럽, 동북아시아 지역이 더 춥고 눈이 많이 내리는 기후 패턴을 보입니다. 평소보다 더 많이 솟아오른 바다 밑의 차가운 물이 제트기류를 북쪽으로 이동시키기 때문에 캐나다와 미국 북부 지역이 일반 겨울보다 더 심한 폭설이 내리고 강추위가 찾아옵니다. 뉴욕시의 적설량은 평균 29.8인치(75,652cm)지만, 라니냐가 발생하면 32인치까지 올라갑니다.

가장 큰 위협은 허리케인(태풍)입니다. 라니냐가 카리브해와 적도 부근 대서양에서 윈드시어(wind shear)를 감소시켜 허리케인 활동이 증가하는 요인으로 작용합니다. 윈드시어는 풍속과 풍향이 급격히 바뀌는 현상으로, 대기의 아랫부분과 윗부분의 바람 차이를 의미합니

　　　　　　　　　　　　　　　　지구의 마지막 1분

다. 윈드시어가 작다는 것은 대기 상층과 하층 바람 차이가 거의 없어 태풍 구름이 만들어지기 쉬운 조건이 형성된다는 것을 의미합니다. 강한 바람이 다양한 지형지물과 부딪힌 뒤 하나로 섞이는 과정에서 만들어진 소용돌이 바람이라서 북미 지역의 허리케인 시즌을 연장시킵니다.

🌍 아시아 에너지난 더욱 가중시켜

라니냐가 발생한 페루 연안 동태평양과 무려 1만km나 떨어진 북반구의 한반도는 어떤 영향을 받을까요? 물론 페루·인도네시아 등 적도 부근 열대 지역에 자리 잡은 나라들과 비교가 되지 않겠지만, 한반도도 기상이변을 겪습니다. 호수에 돌을 던지면 물결이 호수 전체로 퍼져 나가듯 열대 태평양의 기상이변도 연쇄적으로 지구촌 곳곳에 기상이변을 일으킵니다.

한반도는 보통 평년보다 기온이 낮은 추운 겨울을 맞습니다. 특히 초겨울에는 강수량과 적설량이 적고 기습한파가 닥칠 가능성이 큽니다. 1970년대 이후 발생한 라니냐를 통계적으로 분석해보면 우리나라 여름철은 더운 편이었고, 9월에 비가 많이 왔으며 겨울은 강추위가 찾아왔습니다. 그런 점에서 한반도 기상은 전형적인 라니냐 영향이 두드러지는 편입니다. 물론 한반도의 기상을 라니냐 단 하나의 원인으로 단정 지을 수는 없습니다. 한반도의 겨울은 시베리아 고기압이 어느 정도 발달하느냐, 티베트에 눈이 얼마나 쌓였느냐 등에 따라 추운 정도가 달라집니다.

 열대 태평양의 바닷물이 다시 차가워진 것은 1년 만의 일입니다. 라니냐가 꼭 주기적으로 발생하는 것은 아니지만 평균 4~5년에 1번, 때로는 8~9년에 1번 발생하기도 하는데 이처럼 연이어 발생한 사례는 드뭅니다. 엘니뇨나 라니냐 현상은 태양 활동주기가 지구 대양 시스템에 변화를 유발하는 영향을 주어 발생한다고 전문가들은 보고 있습니다.

 라니냐가 발생할 때마다 지구촌 곳곳에 매번 같은 현상이 나타나는 것은 아닙니다. 라니냐의 강도나 발생 위치에 따라 조금씩 달라질 수 있습니다. 실제로 2020년 발생한 라니냐는 북반구에 비교적 온화한 겨울을 가져왔습니다. 일시적으로 지구를 냉각시키는 효과는 있었지만, 온실가스에 의한 지구온난화의 영향으로 그 효과가 상

| 엘니뇨와 라니냐는 태평양의 바닷물 온도를 변화시켜 기온에 영향을 줍니다.

지구의 마지막 1분

쇄될 만큼 약한 라니냐가 발생했기 때문입니다.

하지만 혹한을 몰고 온 라니냐는 아시아 지역의 에너지 위기를 더욱 악화시켰습니다. 특히 전 세계 에너지 소비 1위인 중국의 타격이 컸습니다. 이미 중국과 일부 아시아 국가들은 코로나19 봉쇄 완화 이후 에너지 가격 급등, 전력 부족으로 몸살을 앓았습니다. 이런 상황에서 라니냐까지 덮쳐 겨울 난방 수요가 급증하면서 에너지 대란은 더욱 가중되었습니다.

꺼지지 않는 산불의 실체
- 좀비 화재

날씨가 더워지면서 '좀비 숲 화재'에 과학자들의 시선이 쏠리고 있습니다. 좀비 화재는 주로 추운 북반구 지역에서 잘 일어납니다. 최근의 연구에 따르면 알래스카와 캐나다 숲에서 일어난 산불의 1%가 좀비 화재에 해당하는 것으로 나타났습니다. 공포의 아이콘인 좀비가 어떻게 화재에까지 이름이 올랐을까요? 또 일반적인 화재와는 어떻게 다를까요?

좀비는 되살아나 움직이는 시체를 의미합니다. 좀비 화재 또한 죽지 않고 되살아나는 불길로, '잔존 산불'이라고도 합니다. 전년도 화재의 불씨가 꺼지지 않고 겨울 동안 눈 밑 땅속에 있다가 이듬해 봄에 다시 발화하는 것입니다. 겨울엔 연기를 내뿜기도 하는데 봄이 돼 눈이 녹으면 큰불로 번지기도 합니다.

보통 북반구 숲의 화재는 인간의 실수나 5~6월경 번개로 자주 발생합니다. 좀비 화재는 시기적으로 이보다 이른 4월 무렵부터 발생하는데, 최근엔 이런 좀비 숲 화재가 북반구의 추운 지역에서 더욱 심해지고 있습니다. 일반적인 산불에 비해 발생률은 낮지만 한번 발생했다 하면 대형 화재로 이어지기 때문에 과학자들은 눈으로 봐도 믿기 힘든 좀비 화재를 분석하는 데 힘을 쏟고 있습니다. 네덜란드 암스테르담자유대 지구과학 산데르 베라베르베케 교수 등이 참여한 국제 연구팀도 그중 하나입니다.

연구팀은 최근 자신들이 직접 개발한 알고리즘을 통해 미국 알래스카와 캐나다 숲에서 발생한 좀비 화재를 분석했습니다. 2002~2018년까지 인공위성이 촬영한 숲 화재의 이미지와, 연구팀이 실제로 현장에 나가 조사한 자료를 분석 토대로 삼았습니다. 그 결과 이들 지역의 전체 화재 중 좀비 숲 화재가 차지하는 비율은 평균 약 1%인 것으로 나타났습니다. 하지만 연도별로 차이가 커서 어떤 해에는 북반구 화재 전체의 3분의 1에 해당할 정도의 높은 비중을 차지하기도 했습니다. 연구팀의 이러한 연구 결과는 국제학술지 〈네이처〉에 발표됐습니다.

좀비 화재의 원인은 영구동토층 지하에 존재하는 '토탄'으로 알려져 있습니다. 토탄은 땅속에 매몰된 기간이 오래되지 않아 탄화 작용이 제대로 이루어지지 않은 초기 단계의 석탄으로, 한번 발화하면 아주 오랜 기간 탄다는 특징이 있습니다. 연구팀은 전년도에 타던 대형 화재의 불씨가 유기탄소가 가득한 땅속 토탄층을 태우며 파고 들어가 겨울 동안 토탄을 연료 삼아 버티는 것이라고 말합니다. 산불에 의해 토탄층 상부가 타면 영구동토층 깊이가 깊어지고, 산소가 더 공급되면서 아래 토탄층을 태우는 방식입니다. 결국 탄소가 풍부한 토탄 토양이 불쏘시개 역할을 하고 있는 셈입니다.

또 토양 속 불씨를 유지하는 데는 땅 위를 뒤덮은 눈도 한몫합니다. 연구팀에 따르면 눈이 열을 차단하는 절연체로서 작용한다고 합니다. 결국, 땅 위의 눈과 땅속의 토탄이 좀비 화재의 불씨를 살려내고 있는 셈입니다. 이렇게 보호돼 토탄층에 미약하게 살아남아 있던 불씨가 이듬해 봄 기온이 오르고 토양이 건조해지면 지표를 뚫고 나와 다시 확산하면서 주변의 식생을 태웁니다. 연구팀의 연구에서는 여름철 기온이 높았을 때 좀비 숲 화재가 발생할 가능성이 더 크다는 사실을 밝혀냈습니다.

이미 세계 곳곳에는 자연적으로 탄소를 다량으로 머금고 있는 곳이 많습니다. 특히 지하는 천연 탄소 저장고나 마찬가지입니다. 북반

영구동토의 좀비 화재는 전년도의 불씨가 남아 겨울 동안 토탄을 연료 삼아 오랫동안 꺼지지 않아서 일어나요.

지구의 마지막 1분

구 북극 지역의 영구동토층과 각종 퇴적물이 쌓인 비옥한 해안 습지는 대표적인 지하 탄소 저장고입니다. 영구동토층 내 저장된 탄소량은 최대 1조 6000억t으로 추정됩니다. 이는 현재 대기 중에 있는 탄소량의 두 배 가까운 양입니다.

영구동토층은 말 그대로 땅속이 1년 내내 얼어붙은 곳입니다. 월평균기온이 영상으로 올라가는 여름이 와도 지하 1~2m까지만 일시적으로 녹습니다. 영구동토층의 남쪽 한계는 바이칼호의 동쪽에서 북위 53도, 캐나다 허드슨만 남부에서 북위 55도 지역입니다.

2020년 북극 지역의 시베리아에서는 300여 건의 산불과 들불이 동시다발적으로 발생해 대규모 면적의 산림을 순식간에 잿더미로 만들었습니다. 그 절반이 좀비 화재에 의해 일어났습니다. 좀비 화재가 발생하면 영구동토층의 탄소 저장능력을 훼손할 수 있습니다.

좀비 화재의 가속은 기후변화 탓

베라베르베케 교수팀은 북반구에서 좀비 화재가 점점 더 늘고 있는 것은 기후변화로 기온이 올라간 탓이라고 분석했습니다. 지금은 큰 문제가 아니지만 만일 북극권의 온난화가 멈추지 않고 속도를 높인다면 좀비 화재 역시 계속 확대될 가능성이 커 점차 위협적인 존재가 될 것이라는 게 베라베르베케 교수의 설명입니다. 실제 2020년 6월부터 시베리아에 닥친 기록적인 열파는 대지를 건조시켜 좀비 숲 화재를 더욱 확산시켰습니다. 북반구 지역의 비정상적으로 뜨겁고 건조한 기후 조건은 지중해에서부터 북극에 이르는 지역에 발생한 화재에 영향을 줍니다.

물론 기후변화로 인한 산불은 남반구도 예외가 아닙니다. 과학자들의 연구 결과를 보면 남아프리카, 호주, 아마존, 남아메리카 일부 지역의 산불 위험이 증가한 것으로 조사됐고, 2020년 호주와 아마존 열대우림에서는 대형 산불이 발생하기도 했습니다. 하지만 남반구에서는 좀비 화재가 거의 발생하지 않습니다.

기후변화로 인한 산불은 연소로 인한 직접적 위협 외에도 지구온난화를 더욱 부추깁니다. 미립자 물질, 일산화탄소, 질소산화물, 유독가스를 포함한 유해한 오염물질을 대기로 방출합니다. 특히 북반구 고위도 숲의 화재는 영구동토층을 녹여 온난화의 주범인 이산화탄소를 대량으로 방출시킵니다. 영구동토층이 녹으면 그곳에 저장된 탄소가 대기 중으로 유입돼 이산화탄소나 메탄 등 온실가스로 변합니다. 따라서 영구동토층 온실가스 배출량을 제한하려면 인류가 만들어내는 온실가스 배출량을 줄여 지구온난화를 완화할 수밖에 없습니다.

국제 대기오염 감시기구인 코페르니쿠스에 따르면 2020년 1~8월까지 북극권에서 들불과 산불로 배출된 이산화탄소의 양은 2억 4400만t에 이를 정도로 역대 최악이었습니다. 결국 극심한 이상기후를 동반하는 기후변화는 초대형 산불을 초래하고, 초대형 산불은 엄청난 양의 온실가스를 배출하며 기후변화를 가속하는 악순환을 유발하는 셈입니다.

베라베르베케 교수는 땅속의 탄소 배출을 막으려면 무엇보다 좀비 화재를 조기에 발견해 진화하는 것이 중요하다고 말합니다. 좀비 화재는 전년도에 화재가 발생한 지역의 가장자리를 감시하면 예측이 가능하기 때문에 얼마든지 숲 화재를 초기에 막을 수 있다고 베라베르베케 교수는 강조합니다. 숲은 지구상 생물의 생존과 가장 밀접한 장소입니다. 이것이 우리가 지구 환경문제를 제기할 때 반드시 숲에 대한 이야기를 짚고 넘어가는 이유입니다.

35℃ 넘는 폭염, 이제 일상이 된다
- 이상 고온

지구촌의 이상기후 현상이 심상치 않습니다. '쪄 죽는다'는 표현이 맞을 정도로 폭염으로 들끓고 있습니다. 파키스탄에서는 낮 기온이 50℃에 이르는 살인적 폭염이 지속되고 있고, 이러한 폭염은 프랑스·스페인 등 서유럽 지역과 북미에서도 공통된 현상입니다. 반면 인도·중국·방글라데시 등 아시아에서는 하루 수백㎜ 이상의 폭우가 쏟아져 물난리를 겪고 있습니다. 이를 두고 과학자들은 재앙에 가까운 이상 고온이 시작됐다는 경고를 내놓고 있습니다.

유럽은 대형 산불, 아시아는 폭우로 물난리

최근 유럽 곳곳은 전례 없는 폭염과 자연재해로 몸살을 앓는 중입니다. 낮 최고 기온이 40~43℃까지 치솟고 있는 상황입니다. 특히 프랑스는 70여 년 만에 찾아온 가장 이른 폭염으로 야외활동이 전면 금지되는 사태까지 벌어졌습니다. 북아프리카에서 이동하는 고온의 기단으로 인해 2022년 남서부 대부분 지역의 6월 기온이 연일 40℃를 넘어서고, 인기 휴양지인 비아리츠는 무려 42.9℃를 기록했습니다.

스페인과 독일에서는 폭염 속에 산불까지 크게 번졌습니다. 스페인 서부 사모라와 북부 나바라 지역에 큰 산불이 나 3만㏊가 불에 탔습니다. 남부 지방의 온도가 43℃까지 올라가는 등 20년 만에 6월 더위가 덮쳤습니다. 독일에서도 베를린 인근에서 발생한 산불로 200㏊ 넘게 불에 탔습니다. 때 이른 불볕더위가 건조한 날씨 속에 산과 들을 태우는 불쏘시개 역할을 했습니다.

미국도 기록적인 폭염에 시달리기는 마찬가지. 미국 전체 인구의 3분의 1이 40℃ 이상의 폭염 영향권에 들어섰습니다. 중부 캔자스주에서는 폭염으로 수천 마리의 소가 죽어나갔습니다. 미국의 찜통더위는 거대한 '열돔(heat dome)' 탓입니다. 고기압이 정체되어 뜨거운 공기를 대기층 아래에 솥뚜껑처럼 가두는 현상입니다. 열돔이 발생하면 기온이 예년보다 5~10℃ 이상 치솟는 날이 한동안 이어지고, 폭염과 열대야는 물론 가뭄과 산불이 발생하기도 합니다.

반면 아시아는 폭우로 난리입니다. 인도는 폭염과 폭우가 연이어 들이닥쳤습니다. 2022년 수도 뉴델리의 5월 기온이 49℃를 넘은 반면 아삼주와 메갈라야주 등 북동부에서는 예년보다 빠른 장마로 수백㎜의 폭우가 며칠 동안 계속돼 수많은 인명 피해와 함께 수천 개 마을이 물에 잠겼습니다. 인도와 방글라데시의 몬순 우기는 대개 6

월 초부터 시작되지만, 2022년에는 5월부터 호우가 계속되었습니다.

방글라데시는 폭풍과 벼락 피해가 컸습니다. 수십 명이 벼락에 맞아 숨졌고, 특히 122년 만에 찾아온 동북부 실헤트 지역은 '최악'의 홍수로 250만 명이 피해를 보았습니다. 방글라데시는 230여 개의 크고 작은 강이 밀집한 저지대 국가입니다. 유엔은 지구온난화가 현재 속도로 진행된다면 10년 내에 방글라데시 인구의 약 17%가 이주해야 한다고 진단했습니다.

중국도 폭우로 신음하고 있습니다. 2022년 6월부터 7월까지 광시자치구와 광둥, 푸젠성의 남부지방에 연일 수백㎜의 집중호우가 쏟아지면서 누적강수량이 61년 만에 최고 기록을 세웠습니다. 광시자치구에서만 243만 명의 이재민이 발생했습니다. 반대로 중부지방은 물이 없어 아우성입니다. 허난성의 기상관측소 120곳 중 59곳의 낮 기온이 40℃를 웃돌고 지표 온도는 최고 74.1℃에 달해 도로가 갈라지고 변압기들이 폭발했습니다.

당연히 한국도 폭염·가뭄·폭우에서 안심할 수 없습니다. 폭염의 기준은 나라별로 다릅니다. 우리나라의 경우 일 최고 체감온도 33℃ 이상인 상태가 2일 이상 지속될 것으로 예상될 때 폭염주의보, 35℃ 이상이 이틀 이어질 때는 폭염 경보를 발령합니다. 2022년에는 5월 중순부터 30℃를 넘는 때 이른 더위가 지속되더니 2021년보다 3주 앞당겨진 6월 19일 대구·경북과 광주 지역, 경남과 전남 일부 지역에 첫 폭염주의보가 내려졌습니다.

지구촌의 역대급 폭염은 어느 날 단시간에 갑자기 나타나는 것이 아닙니다. 과거부터 배출된 탄소가 토양·바다·식생·대기 중에 쌓여 영향을 받습니다. 우리도 마찬가지입니다. 한국은 지난 100년간 평균기온이 꾸준히 오르다가 1994년 여름 기록적인 폭염으로 전국에서 94명이 사망했습니다. 이후 14년 만인 2018년 여름, 35℃를 웃도는 역대급 폭염이 8월 중순까지 이어지는 대기록을 세웠습니다. 전문가들은 한반도의 평균기온이 계속 오를 확률이 높아 2018년의 기록은 이전보다 더 빠른 기간에 깨질 것이라고 말합니다. 장기간의 폭염과 가뭄, 집중호우 등 자연재해가 갈수록 대형화돼 우리의 일상이 잠식되고 있는 셈입니다.

| 폭우로 잠긴 거리

도대체 지구촌은 왜 이렇게 일찍부터 펄펄 끓는 걸까요? 세계기상기구(WMO)의 클레어 눌리스 대변인은 유럽과 북미 지역의 이른 폭염, 아시아에서의 폭우·벼락·돌풍을 두고 "지구온난화에 따른 기후변화의 증거"라며 "20세기 초부터 지속적으로 영향을 미쳐온 지구온난화가 여름철마다 이상기온 현상을 증폭하는 효과까지 발생시키고 있다"고 경고하고 있습니다.

기후변화는 사회 전 부문에 영향을 미칩니다. 2022년 2월 발표한 '기후변화에 관한 정부 간 협의체(IPCC)'의 제6차 평가보고서에 따르면 8년 전의 평가보고서와 비교해 지구의 상황은 인간과 자연을 막론하고 전반적으로 악화된 것으로 나타났습니다. 폭염·가뭄·홍수 등 극한 현상의 빈도와 강도가 늘어났고, 이는 인간의 활동뿐 아니라 생태계에도 엄청난 피해와 손실을 끼쳤습니다. 농작물이 고사하고, 가축이나 양식장 물고기가 폐사하며 물가가 올랐습니다. 상황이 악화된 대표적인 사례는 물과 식량 부족입니다. 지구촌은 현재 약 40억 명의 인류가 물 부족 문제를 겪고 있는 것으로 드러났습니다.

더 심각한 문제는 앞으로도 폭염이 이어지는 기간과 범위가 계속 확산될 가능성이 크다는 것입니다. 미국 국립대기과학연구소는 현재와 같은 추세로 전 세계가 온실가스를 배출하게 되면 2060년대 쯤에는 전 세계가 매년 여름철마다 35℃ 이상의 무더위에 휩싸이게 될 것이라고 분석했습니다. 특히 북미와 남미, 중부 유럽 그리고 한반도를 포함한 동북아시아 등 인구 밀집 지역의 폭염이 극심해지고 폭염 기간도 늘어날 것이라고 강조합니다. 눌리스 대변인은 "지구온난화가 미치는 영향이 극명하게 심각해지고 있고, 지금의 더위는 미래를 미리 맛보는 수준에 불과하다"고 일갈합니다.

이제는 중국이나 유럽이나 미국 등에서만 폭염이나 대홍수가 나타나는 것이 아니고, 올해 당장 우리나라에서 이러한 현상이 발생한다 해도 전혀 이상할 것이 없습니다. WMO의 암울한 경고를 예사롭게 듣고 넘겨서는 안 될 이유가 여기에 있습니다.

우리 삶을 바꾼 이상기후
- 태풍과 작물

2020년 여름 날씨는 참 변화무쌍했습니다. 이른 폭염에 가장 긴 장마, 장미·바비·마이삭 등 여름 태풍에 이어 가을 태풍 하이선까지 한반도를 할퀴고 지나갔습니다. 이것으로 끝이 아닙니다. 가을이 깊어 가는데 태풍 '노을'이 또 왔습니다. 기상청은 9~11월 가을 태풍은 보통 11~13개 발생하고, 이 중 1~2개가 한반도에 영향을 준다고 말합니다.

최근 들어 가을 태풍은 해마다 꾸준히 영향을 미쳐온 만큼 긴장을 늦출 수 없습니다. 문제는 갈수록 태풍의 빈도나 힘이 불규칙해지고 있다는 것입니다. 짧은 기간 태풍 3개가 연달아 지나가고 여기에 하마터면 슈퍼태풍까지 덮칠 뻔한 '예외적인' 해가 수십 년 뒤에는 평년의 모습이 될지도 모릅니다. 사실 '기상이변'이 더 이상 '이변'이 아닌 '일상사'가 되고 있습니다.

폭염, 폭우, 강력한 태풍과 같은 이상기후의 근본적 원인은 지구 온난화입니다. 참고로 지난 100년간 지구 온도는 0.85℃ 정도 상승했습니다. 지구온난화는 하루아침에 만들어진 게 아닙니다. 따라서 하루아침에 해결될 수도 없습니다. 지구온난화 추세를 뒤엎기는커녕 앞으로 가속화되지만 않아도 다행입니다. 이 같은 현실을 받아들이고 태풍 피해를 최소화하는 체계를 구축하는 것이 현명한 대응책이 아닐까요? 현재 세계는 어떤 시스템으로 어떻게 태풍에 대비하고 있을까요?

🌏 '바람 지도' 만들어 태풍 피해 최소화

현재 태풍을 미리 읽어내는 역할의 일등 공로자는 인공위성입니다. 2018년 8월 우주로 쏘아 올린 유럽우주국(ESA)의 인공위성 '아이올로스'가 대표적입니다. 아이올로스는 지구 표면에서 부는 '바람 지도'를 만들기 위한 최초의 위성으로, 대기를 향해 레이저빔을 발사하여 바람이 어떤 방향과 세기로 부는지 읽어냅니다. 태풍이나 폭염의 수준을 분석할 때 바람은 핵심 요소입니다. 아이올로스 덕분에 태풍의 진로 예측이 예전보다 9% 정도 정확해졌고, 그만큼 태풍 피해도 줄이고 있습니다.

미국항공우주국(NASA)과 일본우주항공연구개발기구(JAXA)가 함께 운영하는 '글로벌 강수량 측정(GPM)' 위성도 태풍의 눈에 쏟아지는 엄청난 폭우를 분석합니다. GPM 위성은 레이더로 구름 속 물 입자 분포를 파악해 강수량을 예측하고, 또 물 입자의 움직임을 읽어내 태풍의 성장 가능성 등을 예측합니다. 이런 예측을 토대로 강수 수준에 맞는 대비책을 적절히 세우면 태풍 피해를 효율적으로 예방할 수 있습니다.

재난 기계 또한 태풍 대비에 큰 역할을 합니다. 미국 플로리다 국제대학교에 설치된 대형 송풍장치 '와우'가 그것입니다. 재난 기계는 허리케인이나 지진 등 다양한 재난 상황을 인공적으로 재현해 실험할 수 있게 해주는 장치입니다. 태풍·허리케인·사이클론 등 발생 장소에 따라 이름은 다르지만 모두 열대성 저기압을 일컫는 말입니다. 와우는 허리케인 중 최고 강도인 초속 70m 이상의 5등급 바람까지 생성합니다. 마치 자동차 충돌시험을 하듯 실제 크기의 건축물을 놓고 허리케인을 재현해 건물들이 어떤 영향을 받는지 안전성을 평가합니다. 실제 이 대형 송풍장치를 통해 허리케인에 대비한 건축 재료로 세워진 건축물들이 있습니다.

우리나라도 2009년 전북대에 풍동실험센터를 설치했습니다. 이곳에는 와우의 약 18%의 힘을 내는 실내 풍동실험장치가 갖춰져 있는데, 이를 통해 인위적으로 빠르고 센 기류를 발생시켜 초고층 빌딩과 교량 등 각종 구조물의 안전성을 검증합니다. 실제 서울시청 신청사와 국립생태원, 이순신대교 등이 설계 과정에서 이 센터의 풍동실험을 거쳐 안전을 입증했습니다. 자연재난이 인간을 급습하고 있는 가운데 우리는 알게 모르게 과학의 보호 장치 안에서 살아가고 있습니다.

| 기후변화로 열대 작물의 재배지가 넓어지고 있습니다.

　전문가들은 한국의 기후가 아열대성(온대와 열대의 중간)으로 변하고 있다고 진단합니다. 현재 우리나라 경지 면적의 10.1%에 아열대화가 진행 중입니다. 이러한 기후변화는 우리 삶 깊숙이 영향을 미치고 있습니다. 당장 과수 농가가 그렇습니다. 이미 아열대기후로 바뀐 제주도에선 지중해 연안이 원산지인 아티초크가 재배되고 있고, 제주도에서 재배되던 한라봉은 전남 고흥, 경남 거제에서도 자라고 있습니다. 보성의 특산물 녹차는 강원도 고성에서 재배되고, 파파야·망고·바나나 같은 아열대 작물의 국내 재배면적은 해마다 넓어지는 추세입니다.

　아열대 작물의 입지가 확산된다는 것은 어떤 의미일까요? 우리의 식탁이 다양해진다는 긍정적인 변화도 있지만 기후변화로 배추를 비롯한 채소들의 가격이 상승해, 일례로 우리 식문화의 대표 유산인 김장이 어려워지는 상황까지 연출될 수 있습니다. 이런 상황 탓에 지역 지자체들은 각기 다른 생존전략을 찾고 있습니다. 기존에 나지 않던 과일 등을 재배해 지역 특산품으로 육성하는 방안입니다. 벼를 이모작하는 지역도 출현했습니다. 대개 베트남이나 태국 등 동남아시아 아열대기후에서 가능한 이모작을 전남 순천과 경남 고성에서 하고 있습니다. 1년에 2번 농사를 지으니 생산성도 두 배나 높아 농가 소득엔 긍정적입니다. 다만 쌀 소비가 줄어들고 있다는 게 문제라면 문제입니다.

방수배낭은 생존 물품이다

우리의 생활과 소비 패턴도 이미 바뀌었습니다. 기후변화와 관련된 상품들인 가정용 제습기·의류건조기·신발건조기·아쿠아슈즈·방수가방 등이 소비자들의 관심 대상입니다. 고온다습한 아열대기후로의 변화가 제습기와 건조기 사용을 높이고 있고, 물 빠짐 기능과 통풍성을 극대화해 착용감이 뛰어난 멀티 아쿠아슈즈가 일상화되고 있습니다. 평소 입지 않던 우비나 폭우 속에서 기능을 발휘하는 레인부츠는 인기 만점입니다. 태풍이나 갑작스럽게 내리는 폭우 등 기후변화를 고려한 방수배낭은 필수입니다.

레저용품으로 출시된 제품들이 기후변화에 따라 이젠 필수품으로 바뀌는 상황입니다. 패션업계는 계절별 의류를 생산하던 과거와 달리 그 경계를 없앴습니다. 여름이라고 반소매나 민소매 상의나 반바지를 판매하는 게 아닙니다. 가죽 재킷·스웨터·부츠·털모자 등 겨울 제품과 반소매셔츠·샌들·밀짚모자 등은 사시사철 진열돼 있습니다. 기후변화가 소비 패턴까지 변화시키는 위력을 지닌 셈입니다.

이제 기후변화에 우리가 어떻게 적응할 것인가는 심각한 고민거리가 되었습니다. 생존이 달렸기 때문입니다. 따라서 기후변화에 따른 라이프스타일 변화를 받아들이고 새로운 비즈니스 기회를 찾아 나서야 하는 건 이제 선택이 아닌 필수입니다.

역대 최장 장마를 몰고 온 구름의 정체
- 집중호우

　기후변화로 지구촌이 이상기후의 피해를 겪고 있습니다. 2020년 인도, 네팔, 방글라데시 등 남아시아에서는 몬순 폭우로 홍수가 일어났고, 중국 남부지방에서는 두 달 넘게 폭우가 지속되면서 약 5500만 명의 수재민이 발생했습니다. 우리나라도 6월 말부터 시작돼 8월 중순까지 이어진 사상 최장의 장마를 맞아 홍수와 산사태로 인명과 재산 피해가 잇따랐습니다.

　유럽 국가들은 더위와 전쟁 중입니다. 특히 세계에서 가장 춥다는 시베리아에는 고온 현상으로 6월 평균기온이 30℃를 넘어 곳곳에서 대형 산불이 발생했습니다. 극지방에서는 빙하가 녹아내려서 해수면이 상승해 삶의 터전인 집과 토지를 잃은 환경 난민들이 떠돌고 있습니다. 미국 남동부를 강타한 대형 허리케인, 툭하면 발생하는 캘리포니아주의 산불…. 한번 발생했다 하면 대가뭄이나 대형 홍수로 바뀌는 것이 보통입니다. 과학자들은 지구온난화가 생태학적 변화를 가져오는 임계점이 이미 지났다면서 "인류는 기후변화의 스위치를 이미 눌러버렸다"고 지적합니다.

기후변화란 인간 활동의 결과로 지구 대기의 구성이 바뀌고 기후가 자연적 변동의 범위를 넘어서는 현상을 뜻합니다. 그럼 한국의 여름 강수 패턴은 어떻게 변했을까요? 우리나라는 보통 연 강수량이 지역에 따라 1000~1800㎜로 나타납니다. 여름에 1년 강수의 50~60%가 집중되고 특히 6월 말에서 7월 말까지 장마전선의 영향을 받아 비가 많이 옵니다.

🌡️🌍 한국 여름 강수, 50년 전부터 변화

그런데 최근 이런 패턴에 뚜렷한 변화가 나타났습니다. 어느 순간 봄과 가을의 시간이 짧아졌고, 장마 기간인 7월보다 8월에 강우가 많아졌습니다. 시간당 강우량도 증가했고, 열대야와 아열대기후 지역도 늘었습니다. 1910년대부터 7월과 8월의 강우를 보면, 1967년을 기준으로 통계적 변화가 나타납니다. 1967년 이전에는 7월에 비가 많이 내렸고 1년 강수량도 7월이 최고였습니다.

1967년 이후에는 7월보다 8월에 연중 최고치의 강수를 꾸준히 기록했습니다. 1980년대 후반 잠시 바뀌기도 했지만 8월 강우의 증가는 뚜렷했습니다. 특히 2014년 이후에는 7월 장마기간에 비가 지속적으로 내리지 않고 총강수량도 평년에 비해 많지 않은 '마른장마'가 심화된 반면 8월 강수는 장마와 다르게 우리가 흔히 '게릴라성 호우'로 알고 있는 집중호우로 나타났습니다.

그렇다면 2020년 장마는 왜 이렇게 길어진 것일까요? 기상청은 장마가 길어진 근본적 이유로 시베리아 지역에서 발생한 이상고온을 꼽았습니다. 일반적으로 장마는 태평양에서 불어오는 여름 계절풍(몬순)의 영향을 받습니다. 고온다습한 북태평양고기압과 한랭다습한 오호츠크해기단 사이에 형성된 정체전선의 영향으로 여름철에 많은 양의 비가 내린 것이죠.

그런데 6월 시베리아가 기후변화로 추정되는 이상고온 현상을 겪으면서 북극 기온이 평년보다 크게 올라갔습니다. 이로 인해 북극 얼음이 녹으면서 수증기를 다량 포함한 찬 공기가 발생했고, 북쪽에 갇혀 있던 이 차가운 공기가 한반도를 향해 내려왔습니다. 남하한 찬 공기는 여름철에 영향을 주는 북태평양고기압이 북상하지 못하고 한반도에 오래 머물게 해 강한 정체전선을 만들었다는 게 기상청의 설명입니다. 시베리아에서 관측된 고온 현상은 인간이 야기한 기후변화가 아니었다면 약 8만 년에 한 번 있을 법한 수준이라고 합니다.

또 한반도에 집중호우가 내린 이유는 6월 이후 중국 남부까지 동서로 길게 자리 잡은 북태평양고기압 가장자리를 따라 수증기가 다량 유입되었기 때문입니다. 이는 '대기의 강' 현상이 기후변화로 더욱 강해졌음을 의미합니다. 대기의 강은 바다 위에 형성된 거대한 수증기가 마치 강처럼 대기 중 좁은 길을 타고 흘러 육지로 이동해서 엄청난 강우를 일으키는 현상입니다.

 기후변화가 주목받는 까닭은 지구온난화에 있습니다. 전 세계적으로 이상기후 현상이 나타나는 근본적 원인은 지구온난화입니다. 지구 전체의 온도가 올라가면서 대기의 에너지가 세지고, 뉴턴의 운동 법칙[7]에 따라 높아진 에너지는 대기를 더 빠르게 움직이게 만듭니다. 이전에 수증기 이동속도가 자전거 정도였다면 지구온난화로 더워진 대기의 속도는 중형차와 같습니다. 빠른 속도로 이동하며 비구름을 만들고, 강한 비를 뿌린다는 것입니다.

 2014년에 나온 '기후변화에 관한 정부 간 협의체(IPCC)'의 제5차 보고서에 따르면, 지난 100여 년간 지구 평균기온은 0.85℃ 정도 상승했습니다. 이 수치는 물론 '자연적 변화'와 '인위적 변화'가 복합적으로 작용한 결과입니다. 또 세계기상기구(WMO)에 따르면 2019년의 지구 평균기온은 산업화 이전(1850~1900년)보다 1.1℃ 높았습니다. 우리나라는 기후변화에 더 취약합니다. 2020년 발표한 〈한국 기후변화 평가보고서 2020〉을 보면 1880~2012년 130여 년간 지구 평균기온이 0.85℃ 상승한 데 비해 우리나라는 1912~2017년 105년간 약 1.8℃ 상승한 것으로 나타났습니다. 지구 평균의 두 배 넘게 오른 것입니다.

7]_ 고전역학에서 물체의 운동을 다루는 3가지의 물리법칙

지구의 기후는 항상 변해 왔습니다. 1만 8000년 전 마지막 빙하기 때는 지구의 평균기온이 6℃나 낮았습니다. 하지만 지금의 온난화 문제는 기온이 올라가는 그 자체가 아니라 속도입니다. 산업혁명 이후 100여 년 동안 0.85℃ 오른 기온은 과거 지질시대라면 수천에서 수만 년에 걸쳐 일어났던 온도 상승입니다. 이로 인해 지금 지구촌 곳곳에서는 수백 수천 년에 한 번 일어날까 말까 한 자연재해를 10~20년에 한 번씩 겪고 있고, 1980년 이래 위협적인 폭염과 홍수가 발생하는 빈도가 50배 이상 증가했습니다.

오스트리아 빈공대 수공학연구소 귄터 블로시 교수팀은 34개 연구그룹과의 국제공동연구를 통해 지난 500년 중 최근 30년이 유럽에서 가장 홍수가 많은 시기였고, 이것이 기후변화의 영향임이 확실해 보인다는 연구 결과를 2020년 7월 23일 국제학술지 〈네이처〉에 발표했습니다.

기온 1℃쯤 상승한 것이 뭐 대수일까요? 그러나 그 결과는 치명적입니다. 이미 상승한 0.85℃의 영향으로도 빙하가 녹고, 해수면이 상승하고, 더위가 심해지고, 기상이변이 발생하고 있습니다. 또 2020년 7월 북극의 해빙 면적은 역대 최저를 기록했던 2012년 기록을 갈아치웠고, 해수면은 19세기에 비해 59㎝ 상승했으며 강수량은 20%나 증가했습니다. 이는 곧 홍수 피해로 나타났습니다. 높아진 기온, 따뜻한 바닷물, 그리고 낮은 기압은 슈퍼태풍과 폭우, 홍수가 발생하기에 좋은 조건입니다. 한편으론 높아진 기온으로 증발하는 수증기의 양이 많아지면서 가뭄 발생 빈도도 빈번해졌습니다. 홍수와 가뭄의 위험성이 공존하는 것입니다.

기후 예측은 프로그램의 조건과 방법에 따라 달라지는 부분이 있습니다. 하지만 일치되는 것 중 하나는 홍수와 가뭄이 강화되고 확장된다는 것입니다. 한편에서는 건조지대나 사막화 지역이 넓어지고 다른 한편에서는 홍수로 인해 피해를 입는다는 기후 예측은 모두 동의하는 부분입니다.

🌏 이상기후 엘니뇨와 라니냐 영향 커

한편 이상기후에 조금 더 가까이 접근하면 '엘니뇨'라든가 '라니냐' 같은 자연변동성 원인이 작용합니다. 자연변동성이란 지구의 대기·해양·지질 등에 이미 내재해 있는 주기적인 변화입니다. 수년에서 수백 년 주기를 갖고 반복됩니다.

엘니뇨와 라니냐는 적도 부근의 무역풍이 약화돼 동태평양의 해수면 온도가 평소보다 0.5℃ 이상 차이가 나는 상태로 6개월 이상 지속되는 현상입니다. 해수면의 온도가 올라가면 엘니뇨, 내려가면 라니냐라고 하는데, 3~7년마다 나타납니다. 이들 현상은 단순히 바닷물의 온도 변화에 머물지 않고 지구 기후 현상 전반에 영향을 주기 때문에 문제가 됩니다.

엘니뇨의 경우, 지구의 열 순환과 관계가 있습니다. 북극해의 차가운 바닷물이 바닥부터 퍼져 페루 앞바다 부근에서 위로 올라오면서 전반적으로 바닷물이 식는데, 이때 뜨거운 육지도 같이 식습니다. 그러나 이 현상이 일정하게 일어나지 않으면 바닷물이 식지 않기 때문에 육지의 온도는 올라갑니다. 육지가 뜨거우면 물이 증발해 구름을 만들고, 이 구름이 태평양 동쪽에 많은 비를 뿌립니다. 따라서 동태평양에 인접한 중남미에서는 폭우와 홍수가 나타납니다.

라니냐는 차가운 바닷물이 많이 올라와 생기는 이상기후입니다. 찬 바닷물이 서쪽으로 이동하면서 인도네시아 등 동남아시아 지역에는 장마가, 중남미에는 극심한 가뭄이 들고, 북아메리카에는 강한 추위가 발생하게 됩니다. 한마디로 엘니뇨가 기온 상승을 동반하면서 폭우와 가뭄을 일으킨다면, 라니냐는 기온 하강과 기상이변을 일으키는 것입니다. 그것도 지역에 따라 굉장히 대조적인 기후 현상 말입니다.

🌡️ 한국 이미 '아열대기후'로

지금도 깜깜한데 앞으로 지구촌, 특히 한반도를 비롯한 아시아는 더 큰 위기에 빠질 전망입니다. IPCC 5차 보고서와 〈한국 기후변화 평가보고서 2020〉은 2050년까지 우리나라 연평균기온이 2도에서 최대 4℃ 상승한다는 결과를 내놓았습니다. 폭염 일수는 5.8일, 열대야 일수는 10.8일 더 많아집니다.

또 온실가스 배출 추세를 현재대로 유지할 경우 지구 평균기온은 21세기 후반(2071~2100년)에 현재보다 3.7℃ 상승할 전망인 데 비해 한국의 기온은 5.3℃ 높아지는 것으로 예측했습니다. 이는 한국이 온대가 아닌 아열대기후(열대와 온대의 중간 기후)에 들어가게 된다는 의미입니다.

기상청은 이미 제주도라든가 남해안 지방은 아열대기후로 변했다며, 앞으로 한반도 전역이 아열대기후화할 것이라고 말합니다. 온실가스 배출 추세를 현재대로 유지할 경우 2041~2050년 사이 먼저 서울·수원·대전·청주 등 일부 중부지역과 강원 영동지역, 내륙 고지대를 제외한 남부지방 대부분이 아열대기후로 변할 것으로 예상했습니다.

한편 2020년 7월 25일 자 국제학술지 〈기후저널〉은 약 100년 뒤인 21세기 말 아시아 지역이 기후변화의 영향을 심하게 받을 것이라는 일본 도쿄도립대 도시환경과학연구과 교수와 일본 해양연구개발기구팀의 연구를 공개했습니다. 현재의 날씨에 영향을 준 지난 30년간(1979~2008년) 기후 데이터, IPCC 등이 예측한 기후 데이터를 슈퍼컴퓨터에 결합시켜 수치 모델링 기술을 이용해 2075~2102년의 기후를 분석한 결과입니다.

연구팀의 결과에 따르면 기후변화로 100년 뒤 남아시아와 동아시아 지역에 '몬순 기압골'이 발달해 지금보다 훨씬 긴 기간의 태풍 발생과 폭우가 쏟아지고, 강우량 또한 크게 늘어날 것으로 나타났습니다. 아시아 전체적으로 볼 때 여름 강수량은 하루 약 0.27㎜, 가장 많은 곳은 최대 하루 2.5㎜ 이상 늘었습니다. 그 여파로 중국 남부와 한반도, 일본 북부 등의 강우량이 증가하는 것으로 예상됐습니다. 이 같은 현상이 발생하는 이유는 기후변화에 따른 해수 표면의 온도 상승이 가장 큰 원인으로 꼽혔습니다.

　이상기후와의 전쟁은 '현재진행형'입니다. 그에 따른 기후 재앙은 이제 전쟁에 버금가는 현실입니다. 〈2050 거주불능 지구〉의 저자 데이비드 월러스 웰즈는 이 땅을 연이어 두들겨온 기후 시스템은 '거주불능 지구'라는 암울함을 보이고 있다고 지적합니다. 그런데 우리는 기후변화에 과연 얼마나 대비하고 있을까요? 지금부터라도 에너지 사용을 줄여야 합니다. 그것만이 기후변화에 대응하는 길입니다. 호미로 막을 일을 가래로도 막지 못할 상황이 되지 않도록 각국은 물론 전 세계적 대비가 절실합니다.

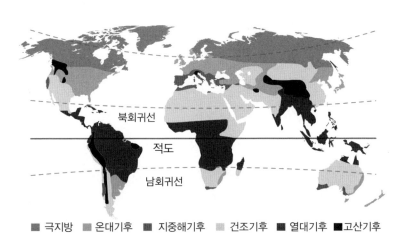

■ 극지방　■ 온대기후　■ 지중해기후　■ 건조기후　■ 열대기후　■ 고산기후

지구의 마지막 1분

Global Warming +

한국, 집중호우 · 폭염 잦아졌다!
- 이상기후

2021년 한국의 봄은 유독 변덕스러운 날씨가 기승을 부렸습니다. 일기예보에선 흐림으로 소개됐는데, 비가 뿌려지곤 하는 날이 연일 반복됐습니다. 5월 내내 우산을 손에서 놓을 수 없을 정도로 불안한 날씨가 계속됐습니다.

사람들은 곧 다가올 여름 날씨에도 신경을 곤두세웠습니다. 기상청이 기후 예측 모델, 기후 감시 요소, 평년과 비교한 확률값 등을 반영해 여름 날씨를 전망했기 때문입니다.

5월 비 온 날 무려 14.5일...하루걸러 하루꼴

기상청은 여름 날씨가 평년보다 대체로 덥고 집중호우도 잦고 장마 뒤엔 긴 폭염이 올 수 있다는 내용을 담은 '2021년 여름철 3개월 전망(6~8월) 해설서'를 공개했습니다. 이 때문에 최장기간 장마가 이어졌던 2020년 여름의 이상기후가 2021년 여름에도 반복되는 게 아닐까 하는 기상이변의 우려도 컸습니다.

최근 10년의 여름철 평균기온을 보면 평년에 비해 6월은 0.5℃, 7월은 0.4℃, 8월은 0.7℃ 올라 기온 상승 경향이 나타나고 있습니다. 여름을 알리는 6월이 시작되면 벌써 30℃ 안팎의 더위가 찾아오고 있습니다. 기상청은 2021년 6월과 7월의 기온이 평년과 비슷하거나 높을 확률이 각각 40%, 8월은 평년보다 높을 확률이 50%라고 밝혔습니다. 전 세계 11개국의 기후 예측 모델들도 우리나라의 여름 기온이 평년보다 더 올라갈 확률이 높을 것으로 보았습니다.

2021년 5월엔 요란한 비가 잦았습니다. 한 달 동안 비가 온 날은 무려 14.5일, 하루가 멀다고 내린 셈입니다. 1973년 관련 집계가 시작된 이래 비가 가장 자주 내린 달이었습니다. 강수량도 많았습니다. 지난 30년의 평균값인 평년의 5월 강수량보다 40㎜ 정도 더 내렸습니다. 그럼 2021년 여름 강수량은 어땠을까요?

5월처럼, 6월에도 북태평양고기압이 몰고 온 많은 양의 수증기가 북쪽에 남아 있는 찬 공기와 부딪혀 국지성 호우나 이른 폭우를 만들어냈습니다. 강수량의 지역 차도 매우 큰 것으로 나타났습니다. 장마는 평년과 비슷한 6월 하순쯤 시작돼 7월 중순까지 길게 이어졌고, 장맛비 역시 대기 불안정으로 집중호우 형태로 내렸습니다.

장마 뒤에는 무더위도 걱정입니다. 2021년 본격적인 무더위는 7월 말부터 시작해 8월에는 극심한 폭염이 절정에 이르렀고, 최고 기온이 33℃를 웃도는 폭염 일수도 전년보다 늘어났습니다. 여름철 폭염 일수는 평년 수준인 9.8일보다 많고, 최저기온이 25℃를 웃도는 열대야 일수도 평년보다 5.1일 많았습니다. 역대 가장 더웠던 해로 기록된 2018년엔 폭염 일수 31.4일, 열대야 일수가 17.7일입니다. 그나마 다행인 것은 2021년 여름은 주기적으로 북쪽의 찬 공기가 남하하면서 2018년처럼 최악 수준의 무더위가 지속되진 않았다는 것입니다.

태풍은 예년과 비슷한 2~3개 정도가 영향을 주었습니다. 태풍은 북태평양의 남서해상에서 발생하는 열대저기압으로, 해수 온도가 보통 27℃ 이상이어야 발생합니다. 열대저기압이 뜨거운 해수면으로부터 에너지를 전달받으면서 강해지는데, 태풍에 에너지를 공급하는 바다는 여름에 점점 데워지다 9월 초에 가장 따뜻해집니다. 이 때문에 여름 태풍보다 이때쯤 발생하는 가을 태풍의 위력이 대체로 셉니다.

🌏 온난화 따른 기후 재앙을 막으려면…

그렇다면 평년보다 2021년 여름을 덥게 한 요인은 무엇일까요? 라니냐 같은 자연 변동성 때문입니다. 기상청은 2020년 8월 라니냐 현상이 발생해 2021년 봄부터 서서히 약해지면서 5월에 종료되었는데, 라니냐가 종료되는 해 여름철에는 북태평양고기압이 다소 강화되는 경향이 있다고 밝혔습니다. 즉 북태평양과 열대 서태평양의 평년보다 높은 해수면 온도와 함께 지구온난화 경향이 기온 상승 요인이라는 분석입니다.

우려되는 것은 최근 기후변화로 인한 예상치 못한 이상기후 패턴이 매년 발생할 수 있다는 점입니다. 이상기후의 변수는 '블로킹'에 있습니다. 블로킹은 북쪽 찬 공기가 동쪽으로 빠져나가지 못하고 한반도에 오래 머무르는 현상을 말합니다. 이 때문에 대기가 불안정해져 천둥·번개를 동반한 비가 자주 내리고 변덕스러운 날씨가 이어집니다. 블로킹 현상은 짧게는 일주일, 길게는 한 달 정도 계속됩니다.

　바이칼호와 몽골 지역, 동시베리아 부근에서 블로킹이 발달하면 한반도로 찬 공기가 남하하면서 대기 변화가 클 수 있습니다. 2020년 기상청은 여름철 기온이 평년보다 높고 특히 7월 말에서 8월 초 무더위가 절정에 이르겠다고 발표한 바 있습니다. 하지만 블로킹 때문에 54일이라는 역대 가장 긴 장마로 피해가 속출했고, 7월에만 420㎜라는 많은 강수량을 기록하는 등 예측이 빗나갔습니다.

2060년에는 전 세계가 물에 잠긴다!

- 대홍수

기후변화로 지구촌이 기상이변을 앓고 있습니다. 21세기 전까지는 인류에게 가장 큰 문제가 자원고갈이었다면 21세기 중반부터는 지구온난화가 가장 큰 문제로 대두될 전망입니다. 과학자들은 2060년까지 기상 질서가 더욱 교란돼 태풍, 허리케인 등 막대한 피해를 유발하는 열대저기압이 심해질 것이라는 경고와 함께 그 피해 규모까지 구체적으로 전망하고 있습니다. 기후과학자들에 따르면, 현재의 지구 평균 온도는 19세기 산업혁명 때보다 0.85℃ 높아진 상태입니다.

🌡️ 2060년 10억 명이 대홍수 위험 노출

이런 가혹한 날씨는 좀처럼 개선될 기미를 보이지 않고 있습니다. 기후변화는 1차적으로 자연현상과 생태계에 영향을 미치고, 그 결과는 산업에 영향을 미치며, 궁극적으론 개발도상국과 선진국 사이에 상이한 파급효과를 유발합니다. 미국 상무부의 보고서에 의하면 지구상에 존재하는 산업 분야 중 70% 이상이 날씨에 영향을 받는 것으로 나타났습니다.

인간 역시 기후변화로 재난을 당할 위험이 갈수록 커지고 있다는 경고가 잇따르고 있습니다. 특히 태풍과 홍수로 인한 피해가 점점 심해질 것이라는 경고가 나옵니다. 영국의 비영리단체인 크리스천에이드는 '기후변화 여파로 몇십 년에 한 번 나올까 말까 한 규모의 홍수가 빈번하게 일어나 2060년 무렵에는 대홍수 위험에 노출된 인구가 최소 10억 명에 이를 것'이라는 전망치를 내놨습니다. 이에 대처하지 못한 개발도상국, 특히 아프리카와 서남아시아의 가난한 나라들은 더 많은 피해를 입을 것이라는 경고입니다.

이러한 피해를 줄이기 위해 2015년 파리기후변화협정에서는 산업혁명 이전보다 지구 평균기온 상승을 2℃ 아래로 유지하되 1.5℃를 넘지 않게 노력하기로 합의했습니다. '2℃'에 특히 주목하는 이유는 2℃ 상승했을 때 발생하는 문제가 생각보다 심각하기 때문입니다.

그러나 호주 뉴사우스웨일스대 아크기후과학전문센터의 앤디 피트먼 소장은 파리기후변화협정이 목표로 제시한 '산업화 이전 대비 1.5℃ 이하 상승'은 희망 사항일 뿐이라며, 2℃ 상승의 압박이 지구에 가해진 지 이미 오래되었다고 진단했습니다. 현재 발생하는 기후의 기록 경신 강도를 볼 때 '모든 것이 잘못된 방향으로 가고 있다'는 것입니다.

지구의 미세한 온도 변화가 자연에 미치는 영향은 상상을 초월합니다. 2060년에는 열대지방의 동물과 식물이 멸종하는 규모가 지금보다 10배쯤 될 것이라고 과학자들은 전망합니다. 그렇다면 기후변화가 지금처럼 계속될 경우 사회·경제적으론 얼마나 많은 비용이 초래될까요?

2018년 8월 20일 자 〈네이처 기후변화〉는 프란체스코 도토리 유럽합동연구센터 연구원팀이 분석한 '지구의 평균기온의 변화에 따른 피해액 예측' 결과를 게재했습니다. 21세기 말 지구 평균기온이 산업화 이전보다 1.5℃, 2℃, 3℃ 오르는 3가지 경우를 가정하고 각각의 피해액을 계산한 것입니다. 연구팀은 각국의 도시화, 국내총생산(GDP) 증가율, 인구 변동 등 사회간접자본 확충 여부와 도시 주변 강 유역의 범람 특성을 고려해 피해액을 산출했다고 밝혔습니다.

🌏 위험국가 인도·이집트·아일랜드·한국

먼저 지구 평균기온이 1.5℃ 상승했을 때의 경제적 피해액을 살펴봅시다. 기상학자들은 지구 평균 온도가 1.5℃ 상승하는 것은 시간 문제라고 보고 있습니다. 기후변화정부간협의체(IPCC)에 따르면 현재 탄소배출량을 신속하고 과감히 줄이지 않는다면, 2040년에 기온 상승이 1.5℃를 넘으리라 전망했습니다. 이때 홍수로 인한 사망자 수는 지금보다 1.7~1.83배(9700~1만 400명), 재산 피해는 2.6~3.4배(연간 약 143조 원에서 최대 487조 원) 늘어날 것으로 유럽합동연구센터 연구원팀은 예측했습니다.

여기서 특히 주목할 부분은 이렇게 홍수로 인한 피해가 가장 클 것으로 예상되는 나라에 인도, 이집트, 아일랜드와 함께 한국이 지목되었다는 것입니다. 한반도 지역은 전 세계에서 가장 빠른 온난화 속도를 기록 중입니다. 지구 평균기온이 산업혁명 이전보다 현재 0.85℃ 상승한 것에 비해 북반구 고위도로 갈수록 상승세가 심화해 한반도 일대는 무려 1.5℃가 올랐습니다. 현재의 속도라면 21세기 한반도 기온은 3℃ 이상 올라가고, 특히 태풍 솔릭처럼 움직임은 느리면서 강한 슈퍼급 태풍이 한반도를 자주 강타할 것이라는 게 연구팀의 설명입니다.

지구 평균 온도가 1.5℃ 상승하면 어떤 현상이 나타날까요? 연구팀에 따르면 물 부족으로 식수난을 겪는 인구가 전 세계적으로 1억 내지 2억 명이나 증가합니다. 이미 지중해 연안과 아프리카 대륙, 중앙아시아 지역은 강수량이 증발량보다 적은 건조지대로 변해가고 있습니다.

지구 평균 온도가 2℃ 오르면 어떻게 될까요? 현재 추세대로 온실가스가 배출되면 2050년에는 지구의 평균 온도가 산업혁명 이전보다 2℃ 증가할 것이라는 분석이 나왔습니다. 2℃의 상승은 인류가 단 한 번도 경험하지 못한 끔찍한 세상을 펼칠 수도 있습니다.

시베리아와 북미의 영구동토층이 녹고, 남극 및 그린란드 빙하의 해빙이 빠른 속도로 진행돼 더 이상 기후변화를 예측하고 제어하기 어려워집니다. 또 여러 지역에서 산호가 사라지고, 생물종 4분의 1이 멸종위기를 맞고, 아프리카 주민 4000만~5000만 명이 말라리아에 노출됩니다. 또 온대계절풍이 바뀌며, 해안 주민 1000만 명이 해마다 홍수 피해를 입게 됩니다. 홍수로 인한 인명 피해는 지금보다 2.3배(1만 3100명), 경제적 피해는 4.2~6.2배(연간 약 229조 원에서 최대 515조 원) 높아질 것으로 연구팀은 예측했습니다.

🌏 전라남북도와 강원도에 피해 집중

그렇다면 파리기후변화협정의 목표치를 훨씬 넘어선 3도 상승했을 때는 어떤 결과가 나타날까요? 유엔기구인 유엔환경계획(UNEP)은 〈2015 배출량 격차 보고서〉를 통해 만약 지금까지 각 나라에서 제시한 온실가스 감축 계획대로라면 21세기 말까지 지구 기온이 3~3.5℃까지 치솟을 수 있다고 경고했습니다.

지구 평균기온이 3도 이상 따뜻해지면 지구 인구 중 5억 5000만 명이 기근으로 고통받고, 대서양 순환 변화와 아마존 열대우림이 붕괴하기 시작하며, 생물종의 최대 50%가 멸종합니다. 대서양 해류는 열대 지역의 따뜻한 바닷물을 유럽 쪽으로 이끕니다. 그래서 겨울철에 북위 37.4도의 서울보다 위도가 높은 북위 51.5도의 런던이 더 따뜻합니다. 이 거대한 대서양 해류 흐름이 변화되면 세계 곳곳에서 기상이변이 발생하게 됩니다.

유럽합동연구센터 연구원팀은 지구 평균기온이 3℃ 상승할 경우 사망자 수는 지금보다 2.8~3.7배, 경제 피해는 무려 7.2~11배로 늘 것으로 예측했습니다. 특히 현재 집중적으로 홍수 피해를 받고 있는 중국, 인도, 방글라데시, 인도네시아, 베트남 순으로 사망자 수나 경제 피해가 클 것으로 내다봤습니다.

영국의 경제학자 니콜라스 스턴 경은 2006년 〈기후변화의 경제학〉이라는 보고서에서 기후변화 방지를 위해 노력하지 않으면 매년 세계 GDP의 5% 이상, 많으면 20% 이상을 기후변화 피해로 잃을 수 있다고 지적한 바 있습니다. 지구 평균기온 1~2℃가 얼마나 큰 위력을 발휘하는지 짐작하게 하는 대목입니다.

한국이 태풍과 홍수로 인한 피해 비중이 급격히 커질 것이라는 점은 국내 전문가들의 연구에서도 예측됐습니다. 이미연 국회예산정책처 분석관과 홍종호 서울대 환경대학원 교수, 김광열 서울대 지구환경과학부 교수팀이 직접 만든 '자연재해 피해액 예측 모델'을 통해 제시된 바로는 2060년까지 한국도 태풍 피해가 증가할 것으로 나타났습니다. 연구팀은 국내 16개 시·도의 예상 강수량과 재정자립도, 토지 불투수층(수분의 침투가 어려운 지층) 비율 등의 각종 데이터를 이용해 연간 최대 피해액을 계산하고, 처음으로 미래 재난 피해액을 예측했습니다.

그 결과 2060년 무렵 태풍과 홍수로 인한 피해액이 연간 23조 원에 달할 것으로 나타났습니다. 이는 한국 GDP의 1.03%에 해당하는 액수입니다. 지금까지 가장 큰 피해를 입혔던 2002년 태풍 루사 때(피해액 6조 원)보다 거의 4배에 달하는 수준입니다. 특히 불투수층이 많은 전라남북도와 강원도에서는 지역적 특성으로 한 해 지역총생산(GRDP)의 7%가 넘는 약 5조 6000억 원이라는 천문학적 피해가 나타날 것으로 예상됐습니다. 이 연구 결과는 국제학술지 〈내추럴해저드리뷰〉 2017년 11월호에 게재됐습니다.

이제는 전쟁에 버금가는 현실이 된 기후재앙. 한국은 기후변화에 과연 얼마나 대비하고 있을까요? 소 잃고 외양간 고치는 일이 없도록 각국은 물론 전 세계적인 대비가 절실합니다.

III

-

자원 낭비,
친환경 에너지로 줄여보자

대기에서 연료 추출!
- 친환경 항공유

항공업계의 탄소 배출 감축 노력이 본격화하면서 친환경 항공유가 대세입니다. 특히 태양에너지를 이용하여 항공기 연료를 만드는 기술이 최근 개발돼 화제입니다. 제트엔진이나 내연기관과는 반대 방향으로 에너지를 투입해 연료로 만드는 기술로, 항공유 시장이 성장하는 계기가 될 전망입니다. 이 친환경 연료는 어떤 기술을 어떻게 적용해 만들어내는 것일까요?

🌏 태양열, 물, 이산화탄소로 합성가스 전환

20세기는 '탄소 경제의 시대'였습니다. 화석연료를 태워 산업화를 일궈냈습니다. 이산화탄소를 많이 배출한다는 것은 산업화에 성공했다는 것을 의미했습니다. 하지만 탄소 경제는 지난 100년 동안 지구 평균 온도를 0.85℃ 올리는 부작용을 낳았습니다. 이제는 '저(低)탄소 경제'입니다. 지구 온도가 더 이상 상승하지 않도록 온실가스 배출량을 감축하는 것은 세계가 지켜내야 할 공동 미션입니다.

항공 분야 역시 탄소 배출의 책임에서 자유로울 수 없습니다. 현재 탄소 배출량의 약 8%가 항공과 해운 수단이 차지하고 있습니다. 항공유는 자동차 연료처럼 화석연료 원유를 증류해서 생산하기 때문입니다. 원유는 다양한 분자량의 탄소 화합물이 섞여 있어서 끓는점의 차이를 이용해 혼합물을 분리합니다. 원유를 끓이면 가장 가벼운 순서대로 LPG, 휘발유, 나프타, 등유, 경유가 분리되는데 항공유는 등유를 가공해서 만듭니다. 항공기는 기압과 온도가 낮은 하늘 공간에서 운항하므로 정전기방지제, 빙결방지제, 산화방지제 등 첨가제를 넣습니다. 그래서 가격도 자동차 기름보다 비쌉니다.

세계 각국의 주요 자동차 제조사들은 전기차나 수소차 같은 친환경 자동차로의 전환을 위해 배터리나 수소연료전지를 만들고 있습니다. 그런데 이들 전지는 항공기에 적용하기 어렵습니다. 리튬이온 배터리의 경우 에너지 밀도가 매우 낮습니다. 항공 연료는 1kg당 1만 2500Wh의 에너지를 제공하지만, 리튬이온 배터리는 보통 1kg당 에너지 제공량이 300Wh에 불과합니다. 그렇다고 출력을 위해 배터리 크기를 키우면 무게 때문에 비행 효율성이 떨어집니다. 반대로 에너지 밀도가 높은 수소는 인화성과 폭발성이 높아 위험성이 따릅니다.

최근 독일 포츠담에 위치한 IASS(Institute for Advanced Sustainability Studies)와 스위스의 취리히연방공과대(ETH Zurich) 연구진은 이 같은 자동차

연료와 구별된 친환경 항공유 개발에 성공했습니다. 태양열과 이산화탄소와 물로 만든 합성 연료로, 기존의 항공유를 대체할 만한 연구입니다. 지금까지의 친환경 에너지 방식과는 다른 이 기술은 국제 학술지 〈네이처〉에 발표됐습니다.

ETH의 알도 스타인펠드(Aldo Steinfeld) 교수가 이끄는 연구팀은 2019년 ETH의 공학연구소 건물 옥상에 자신들이 개발한 안테나 비슷한 접시 모양의 태양열 집열기를 설치했습니다. '열화학 태양 연료 생산 체인'이라는 소규모의 열화학 변환 장치로, 내연기관과는 정반대로 작용합니다.

가솔린 엔진 같은 내연기관은 대기의 산소와 화석연료를 반응시켜서 태움으로써 이산화탄소(CO_2)와 물(H_2O)로 바꾸고 여기서 발생하는 열에너지로 동력을 얻습니다. 반면 연구팀이 개발한 장치는 이 반응을 반대로 하기 위해 태양열과 산화세륨(cerium oxide)을 사용하고, 대기 중의 이산화탄소와 물을 유입해 에너지로 전환하는 것이 핵심입니다. 태양열, 이산화탄소와 물을 재료로 '친환경 항공유'인 합성가스, 메탄올 또는 등유를 생산하는 것입니다.

연료는 3단계의 과정을 거쳐 만듭니다. 가장 먼저 이산화탄소 포집제인 아민 스크러빙(Amine Scrubbing)을 통해 대기 중의 이산화탄소와 물을 추출합니다. 추출한 이산화탄소와 물이 반응로에 들어가기 전 접시 모양의 태양열 집열기가 작은 반응로를 1500℃까지 가열합니다. 두 번째 단계는 이 가열된 반응로에 최대로 압축된 이산화탄소와 물 분자를 공급하는 것입니다. 그러면 반응로 내부에 있는 촉매 산화세륨 세라믹의 도움으로 이산화탄소와 물이 가지고 있는 산소가 분리되고, 그 결과 일산화탄소(CO)와 수소(H)가 섞인 합성가스가 생성됩니다. 합성가스는 일반 화학공정을 사용하는 세 번째 단계에서 항공유의 원료가 되는 등유 또는 메탄올로 전환됩니다.

연구팀의 시스템은 새로운 태양에너지를 연구하는 작은 시설입니다. 따라서 이번 연구에서는 소량의 연료만 생산됐다는 게 스타인펠드 교수의 설명입니다. 하루에 약 100L의 합성가스를 사용한 경우 연료 전환에서 약 32mL의 순수한 등유가 생성되었습니다. 이 모든 과정은 태양열과 대기 중 이산화탄소와 물로 처리되기 때문에 항공 관련 인프라를 바꾸지 않고도 항공 산업에서 탄소중립 목표를 달성할 수 있습니다. 또 태양에너지를 이용해 이산화탄소와 물을 연료로 바꿀 수 있다는 것을 증명했다는 데 의의가 큽니다.

🌡️🌍 전 세계 등유 수요를 맞추려면
4만 5000㎢에 달하는 시설 필요

스타인펠드 교수는 이 공정 기술이 산업에 활용할 수 있을 만큼 충분히 검증되었다며 이제부터는 상용화 준비를 해야 한다고 말합니다. 만약 상업용 규모(100MW급 플랜트 10개)로 이 장치를 확대할 경우 하루에 9만 5000L의 등유를 생산할 수 있다고 합니다. 이는 에어버스 A350을 런던에서 뉴욕으로 왕복할 수 있는 양입니다.

연구팀은 산업 규모를 확대해 등유를 생산할 경우 연료 값은 리터당 1.20~2유로가 될 것으로 추정합니다. 단 초기 투자비용이 많이 들어가는 초기에는 화석연료에서 나오는 기존 등유보다 훨씬 더 높을 것입니다.

스타인펠드 교수에 따르면 상업용 대형 태양에너지 장치는 태양광 자원이 풍부한 사막 지역에 건설하는 것이 이상적입니다. 사막 땅은 저렴한 데다 인구 밀도가 높은 지역보다 다른 사용 요구 사항이 없습니다. 약 4만 5000㎢ 크기의 시설이면 전 세계 등유 수요를 충족시킬 수 있는 합성 연료를 생산할 수 있다는 게 연구팀의 계산입니다. 이는 사하라사막의 0.5% 정도의 면적입니다.

단 지금 바로 상용화하기는 어렵습니다. 에너지 전환 효율이 너무 낮기 때문입니다. 연구팀이 측정한 최고 태양에너지-연료 에너지 전환 효율은 5.6%입니다. 적어도 15% 이상이 돼야 상용화가 가능하고, 태양열-전기 효율과 비슷한 30% 에너지 전환 효율을 갖춰야 상업적으로 널리 사용될 수 있습니다. 연구팀은 반응 단계 사이의 열 회수가 이뤄지면 태양열 반응로의 효율을 20% 이상으로 높일 수 있다고 추정합니다. 이를 위해 지금도 연구가 한창 진행 중입니다.

ETH는 자신들이 개발한 친환경 항공유 생산 기술을 상용화하기 위해 신헬리온(Synhelion)이라는 분사 기업을 독립적으로 설립했습니다. 연구팀의 집중 연구로 상용화 가능한 수준까지 기술이 진전되면 친환경 항공유는 21세기 친환경 에너지산업의 게임체인저가 될 것입니다.

단 한 알로 물이 정화되는 마법?

- 히드로겔

바다의 염수나 오염된 강물을 빠르게 정화해 깨끗한 물을 얻을 수 있는 기술이 개발돼 화제입니다. 햇빛과 물 친수성을 가진 히드로겔(hydrogel) 정제를 만들어 음용수로 만들 방법을 찾은 것입니다. 물이 부족한 세계의 오염 지역을 '목마름의 고통'에서 벗어나게 할 새로운 기술입니다. 연구의 주인공은 미국 코크렐공대 워커 기계공학부 기후아 유(Guihua Yu) 교수가 이끄는 텍사스대 오스틴캠퍼스(UT at Austin) 연구자들입니다.

🌡️🌍 수질 정화의 돌파구는 햇빛과 '히드로겔'

지구상에 존재하는 물의 총량은 약 14억㎦. 이 중 97.5%가 염수이고, 우리가 이용할 수 있는 물(담수)은 2.5%에 지나지 않습니다. 게다가 물 수요는 지난 40년간 30배나 늘었고 앞으로 35년 이내에 지금 사용량의 2배로 늘어날 것으로 예상됩니다. 하지만 최근 환경오염으로 강물뿐 아니라 중금속이 섞인 빗물이 땅속으로 스며들어, 깨끗하게 정화돼 모인 지하수까지 오염시키고 있습니다. 쓸 수 있는 물이 더 줄어드는 셈입니다.

　유엔에 따르면 세계 인구 중 3분의 1이 깨끗한 물을 사용하지 못하고 있고, 비위생적인 물의 소비와 사용으로 매주 3만 명이 사망합니다. 사망자의 대부분이 개발도상국에서 발생하지만 선진국인 미국 등도 허리케인, 열대성 태풍, 기타 자연재해 발생으로 예기치 못한 물 부족 사태를 겪습니다. 전문가들은 2030년이면 세계 인구의 반이 물 부족 지역에서 살 수 있다고 추정합니다. 이 같은 물 부족 현상과 갈수록 잦아지는 자연재해를 해결해 인류의 삶을 개선하려는 연구는 전 세계 과학자들의 최우선 과제입니다.

　이의 해결책으로 내놓은 기술이 바로 기후아 유 교수팀의 히드로겔 정제입니다. 히드로겔은 친수성 고분자가 물리적 또는 화학적으로 반복 결합되어 구성 요소들이 3차원 망상 구조를 이루는, 묵처럼 말랑말랑한 다공성 물질입니다. 물 흡수성이 뛰어나 기저귀와 같이 빠른 수분 흡수를 필요로 하는 산업에 이용됩니다. 산업 폐수를 정화하는 데 쓰기도 합니다. 고분자는 분자량 1만 이상의 큰 분자 화합물로 독성이 없고 자연 분해됩니다.

　연구팀이 개발한 히드로겔은 친수성과 태양광 흡착력이 있는 반도체가 결합된 나노구조의 정제입니다. 나노구조의 겔이 자연광 햇빛에 작용하여 물의 증발량을 늘려 담수화를 만들어내는 방식으로, 주변의 태양에너지를 사용하는 히드로겔 기반의 태양 증기 발

　　　　　　　　　　　　　　　지구의 마지막 1분

생기인 셈입니다. 이 히드로겔은 연구팀의 일원인 대학원생 유홍 구(Youhong Guo)가 햇빛으로 물을 정화하는 다른 연구를 하던 중 예기치 않게 발견했습니다.

오늘날 물을 정화하는 주요 방법은 물을 끓이거나 저온살균 하는 것입니다. 그런데 기존의 태양열 증기 기술(solar steaming technology)은 태양광선을 집중시키기 위해 광학기기에 의존하는 매우 값비싼 공정이 필요합니다. 이처럼 비용이 많이 드는 방식은 물이 부족한 가난한 일부 지역의 사람들에게 실용적이지 못합니다.

그렇다면 연구팀의 새로운 히드로겔 담수화 기술은 어떻게 작동할까요? 나노구조의 히드로겔 증발기가 위에 떠 있는 유리병에 물을 넣고 직사광선 아래에 놓습니다. 그러면 히드로겔의 표면에서 수증기가 생성되고, 증기는 신선한 물을 모으는 응축기로 끌어올려 정제수로 저장됩니다. 오염된 물의 정화에도 같은 과정을 거칩니다.

기존의 태양열 증기 시스템은 종종 장비에 미생물이 축적되어 오작동을 일으켰습니다. 하지만 연구팀의 특수 히드로겔은 99.999% 이상의 효율로 박테리아를 중화시키는 과산화수소를 생성하고, 이 과산화수소가 활성탄 입자와 함께 박테리아를 죽여 유해한 잔류물이 남지 않습니다.

연구팀의 히드로겔 염분 제거 특성은 실험을 통해 입증됐습니다. 지구상에서 가장 염도가 높은 사해에서 채취한 물 샘플을 이용하여 히드로겔 공정을 거친 결과 탁했던 염도가 크게 줄어 맑은 담수가 되었습니다. 소금은 물에서 분리하기가 가장 어려운 물질 중 하나입

| 히드로겔은 적은 비용으로 물을 정화하는 데 아주 탁월한 물질입니다.

니다. 연구팀은 물에서 발견되는 여러 가지 일반적인 오염물질과 소금을 걸러낼 수 있는 히드로겔의 용량과 능력을 완벽하게 입증했습니다. 세계보건기구(WHO)와 미국 환경보호청이 제시한 허용 가능한 식수 기준을 충족시키는 수준을 달성했습니다.

히드로겔 정 1알로 1L의 강물 정화

연구팀이 개발한 나노구조의 겔 정제 1정은 1L의 강물을 소독할 수 있고, 1시간 이내에 마시기 적합한 상태의 강물을 만듭니다. 바다 또는 오염된 폐수 등 모든 공급원에서도 깨끗하고 안전한 식수를 생산할 수 있습니다. 이 기술은 상대적으로 낮은 온도에서 담수를 추출하므로 주변 햇빛 수준의 최소한의 에너지로 물의 증발량을 현저하게 늘리는 게 가능합니다. 이러한 연구 결과는 세계적 재료과학

지구의 마지막 1분

학술지 〈첨단소재(Advanced Materials)〉에 발표되었습니다.

오염된 물을 식수로 사용하기까지는 여러 기술이 활용됩니다. 그러나 히드로겔 정제 기술은 복잡하지 않습니다. 상하수도나 해수담수화 시설에 비해 비용도 매우 저렴합니다. 비싼 광학기기에 의존하지 않고 최소의 에너지와 간단한 물리적 장치만으로 오염물을 정제하기 때문입니다. 연구팀이 실제로 실외에서 히드로겔을 실험해본 결과 제곱미터(㎡)당 최대 25L의 일일 증류수가 생산되었습니다. 이는 가정에서 필요로 하는 양으로 충분할 뿐 아니라 재난 지역에서 쓰기에도 충분한 양이라고 연구팀은 말합니다.

연구팀의 히드로겔 정제의 장점은 만드는 재료가 저렴하고 합성 과정이 간단하다는 점입니다. 모양과 크기가 쉽게 제어돼 다양한 용도에 맞게 만드는 작업이 가능합니다. 현재 사용되고 있는 태양열 담수화 시스템의 핵심 구성 요소를 거의 대체할 수 있을 만큼 히드로겔의 구조를 변경시킬 수 있어 이미 사용 중인 담수화 시스템을 다시 개조할 필요가 없습니다.

지구의 환경은 빠르게 변하고 있습니다. 온실가스 배출이 현재 추세로 계속될 경우 전 세계적으로 건조화가 심각해질 전망입니다. 그럴수록 물 부족 현상 또한 심각해집니다. 연구팀이 히드로겔 정제를 연구하는 목적은 오로지 이를 이용해 맑은 물을 공급하는 시스템을 세계에 전파하기 위해서입니다.

연구팀은 히드로겔 정제 기술이 반드시 상용화될 것을 확신합니다. 때문에 곧 넓은 범위의 확장성 시험을 해달라는 산업계의 요청을 예상해 다음 연구를 준비하고 있습니다. 히드로겔은 규모를 확장하는 것이 간단해 기존의 공급을 능가하는 깨끗한 물을 만들어 전 세계의 물 부족을 완화하는 데 큰 역할을 할 것이 틀림없습니다. 히드로겔 정제의 상용화를 위해 뛰는 연구팀의 괄목할 만한 연구 성과를 기대해 봅시다.

한국 핵폐기물 처리 길 열렸다

Global Warming +

- 핵폐기물

원자력발전 후 남은 핵연료를 다시 연료로 사용하는 기술을 미국 원전 당국이 공식 승인했습니다. 한국과 미국이 공동 시행한 '파이로프로세싱(Pyroprocessing · 사용후핵연료 재활용 기술)'과 차세대 원전인 '소듐냉각고속로(SFR)'의 연구 결과를 담은 보고서를 한·미 원자력연료주기공동연구(JFCS) 운영위원회가 2021년 9월 1일 최종 승인한 것입니다.

이 보고서에는 지난 10여 년간 미국 아이다호연구소, 아르곤연구소, 한국원자력연구원 등이 연구한 파이로프로세싱과 SFR의 기술적 타당성, 경제성, 실현 가능성, 핵 비확산성 등의 내용이 담겼습니다. JFCS 운영위원회에는 미국 국무부, 에너지부, 핵안보청과 한국의 과학기술정보통신부, 외교부, 산업통상자원부, 원자력안전위원회가 참여하고 있습니다. 대체 파이로프로세싱은 어떤 공법이고, 소듐냉각고속로는 어떤 형식의 원자로이기에 핵연료 재활용에 적합한 것일까요?

한국은 1956년 미국에서 원자력 기술을 도입했습니다. 이때 핵무기 제조에 유용될 수 있는 '핵연료 농축'과 '핵연료 재처리(재활용)'를 하지 않겠다고 약속했습니다. 재처리(reprocessing)란 사용후핵연료를 사용 가능한 물질과 기타 물질로 분리하는 물리·화학적 공정을 말합니다. 하지만 사용후핵연료가 빠른 속도로 쌓여감에 따라 저장 공간의 한계에 부딪힐 수밖에 없는 상황이었습니다.

🌍 40년 만에 핵폐기물 처리 길 열려

한국의 첫 상업용 원전 가동은 1978년(고리 1호)에 시작되었습니다. 현재는 원전 24기가 운영 중입니다. 첫 원전 가동 이후 40여 년간 쌓인 사용후핵연료 저장량은 2021년 6월 기준 1만 7578t. 경주의 월성원전 1~4호기의 경우 포화율이 98.2%여서 2022년 3월 강제 셧다운에 돌입해야 했습니다. 울진 한울 1~6호기도 포화율이 86.9%에 이른 상태입니다.

사용후핵연료는 많은 방사선과 강한 열을 내기 때문에 임시저장, 중간저장, 재처리·재활용, 처분의 단계를 거칩니다. 먼저 원전 부지에 있는 수조에 넣어(습식저장) 5년간 임시로 저장합니다. 이렇게 보관하면 핵연료 온도가 약 100분의 1까지 식습니다. 현재 전 세계에서 배출되는 핵연료의 약 90%가 저장수조에 담겨 있습니다. 5년 뒤에는 콘크리트 용기나 금속 용기에 옮겨 보관(건식저장)합니다. 이때 열은 물 대신 공기나 비활성기체로 식힙니다.

이후 지하 500~1000m 깊이에 파묻는 중간저장을 거칩니다. 중간 저장은 최종 처분 전까지 별도의 저장시설에서 40~80년간 저장·관리하는 단계를 말합니다. 땅속 깊은 곳이나 화강암층에 동굴을 뚫고 파묻는데, 그러려면 특수 차폐시설(URL)이 필요합니다. 캐나다·핀란드·스웨덴 등 일부 국가는 중간저장 단계를 곧 최종 처분으로 선택하고 있습니다. 사용후핵연료를 재활용 자원으로 보지 않고 폐기물로 간주하기 때문입니다. 한국은 중간저장 시설이 전혀 없어 모두 임시저장(습식·건식) 단계에 있습니다.

이런 상황에서 미국 원전 당국의 핵연료 재활용 기술 승인은 핵폐기물 처리의 길을 열어준 셈입니다. 경수로나 중수로 등 발전 방식에 따라 다르지만, 사용후핵연료에는 에너지원으로 재활용할 수 있는 '우라늄(U) 238'이 93~96% 포함돼 있고, 넵투늄(Np)이나 플루토늄(Pu), 아메리슘(Am), 퀴륨(Cm) 같은 초우라늄 원소(우라늄의 원자번호 92보다 큰 원자번호를 가진 원소)도 들어있습니다. 이 때문에 원자력 선진국들은 우라늄(U)을 다시 추출해 발전 에너지로 만드는 기술을 도입하거나 개발하고 있습니다. 한 번 썼던 핵연료가 재활용되면 핵폐기물 처분장 면적을 크게 줄일 수 있습니다. 재활용까지 마친 최종 핵폐기물은 방사선 발생량이 적어 폐기장에 보관할 때도 훨씬 안전합니다.

파이로-SFR 연구는 적정성 검토 후 결정

핵연료 재처리 방법은 크게 습식과 건식으로 나뉩니다. 습식 공법은 퓨렉스(PUREX · Plutonium and Uranium by Extraction)가 대표적입니다. 퓨렉스는 잘게 잘라낸 사용후핵연료를 질산 등으로 녹여 액체로 만든 다음, 인산트리뷰틸(TBP)이라는 물질(용매)을 이용해 우라늄과 플루토늄 등 원전에 필요한 물질만 추출하는 방식입니다. 추출한 핵연료는 기존 원전에서는 쓸 수 없고 '고속로'라는 전용 원자로에서만 사용이 가능합니다. 일본, 프랑스 등이 이 기술을 택하고 있습니다. 습식 공법은 상업용이나 학술용 방사성 동위원소를 얻기 쉽습니다. 하지만 순도 높게 추출된 플루토늄이 핵무기 제조에 쓰일 수 있어 미국은 퓨렉스를 결사반대합니다.

한국과 미국이 공동 개발하고 있는 '파이로프로세싱'은 습식이 아닌 건식 공법입니다. 금속을 제련하고 정련해 불순물을 뽑아내는 것처럼, 파이로프로세싱은 사용후핵연료를 용융염(molten salt)[8]에 넣고 500℃까지 올려 녹인 뒤 전기분해를 가해 우라늄을 추출합니다. 전기를 흘려주면 -극에 우라늄만 달라붙습니다. 여기서 다시 전압을 더 올리면 잔여 우라늄은 물론 넵투늄, 플루토늄, 아메리슘, 퀴륨 등 초우라늄 원소도 한데 섞여 -극에 붙습니다. 퓨렉스의 순도 높

---

8)_ 고체의 염을 고온으로 가열하여 녹인 액체 상태의 소금

은 플루토늄과 달리 초우라늄 원소와 뒤섞인 혼합물 플루토늄은 핵무기를 제조할 수 없습니다.

파이로프로세싱도 전용 원자로가 필요합니다. 그래서 도입된 게 '소듐냉각고속로(SFR)'입니다. SFR은 기존 경수로와 달리 물이 아닌 액체 소듐(나트륨)을 냉각수로 씁니다. 소듐은 끓는점(833℃)이 물보다 훨씬 높아 현재의 원전처럼 물이 끓지 않게 압력을 높일 필요가 없기 때문에 고압 폭발 위험이 없어 안정적입니다. 또 초우라늄을 연료로 사용하는 만큼 우라늄 자원 이용률을 현재보다 100배 높일 수 있고, 폐기물 양을 20분의 1로 감소시킬 수 있습니다.

JFCS 보고서에는 '한·미 연구진이 1회당 사용후핵연료 4~5kg을 처리할 수 있는 파이로-SFR 기술을 세계에서 처음 확보했고, 파이로-SFR의 상용화를 위한 후속 연구에 들어갈 단계가 됐다'는 내용이 담긴 것으로 알려졌습니다. 미국 아이다호연구소는 40여 년 전 파이로프로세싱 아이디어를 내고 연구를 시작했습니다.

한국은 1997년 과학기술정보통신부와 한국원자력연구원을 중심으로 연구에 착수해 2011년부터 한·미 공동 연구개발(R&D)을 추진했습니다. 1997년부터 2020년까지 투입된 총사업비는 4132억 원입니다. 한·미가 공동연구를 진행하던 중인 2017년 파이로프로세싱의 불완전성 등의 문제가 제기돼 제동이 걸렸다가 2018년 2월 국회 요청으로 파이로프로세싱 재검토위원회가 구성됐습니다. 위원회는 한·미 공동연구에 집중한 뒤 산출된 실험결과 보고서를 살펴본 다음 연구 지속 여부를 판단하기로 했습니다.

파이로-SFR 기술은 기초연구 → 실험실 → 공학 규모 연구 → 실증 연구 → 상용화 다섯 단계로 진화합니다. JFCS 운영위원회 결론대로라면 진작 실증 연구 단계에 진입했어야 합니다. 현재 과학기술정보통신부는 민간 전문가로 구성된 적정성 검토위원회를 통해 JFCS 보고서에서 제안한 파이로-SFR의 추가 연구가 적정한지 등의 연구 방향 검토와 함께 미국 아이다호연구소 관계자들과 실증 연구 전략을 논의하고 있습니다. 실증 연구는 상용화 전 단계입니다. 하루빨리 파이로-SFR 개발이 이뤄지길 바랍니다.

육류를 대체할 새로운 단백질 개발
- 단백질 가공품

　최근 환경을 보존하는 푸드 테크가 빠른 속도로 일상생활에 스며들고 있습니다. 이제 공기에 기반을 둔 단백질 식품을 먹게 될지도 모릅니다. 가축을 키우는 과정에서 발생하는 환경오염은 물론 증가하는 인구에 비해 가축 수가 한정된 문제를 해소하기 위해 과학자들이 육류를 대체할 새로운 단백질을 만들고 있기 때문입니다. 특히 '에어 프로테인(Air Protein)'이라는 단백질을 가공한 식품이 출시를 앞두고 있어서 단백질 시장에 선풍을 일으킬 것으로 예상됩니다.

이산화탄소 먹고 단백질 만드는 미생물

　우리의 식탁에 오르는 고기, 우유, 계란, 생선은 환경을 얼마나 오염시킬까요? 영국 옥스퍼드대와 네덜란드 암스테르담대의 공동연구팀에 따르면, 가축을 키워 고기 1t을 생산하는 데 필요한 에너지는 26~33GJ(기가줄), 물 367~521㎥, 토지 190~230㎡ 정도입니다. 이

때 배출되는 이산화탄소 발생량이 무려 1.9t에서 최대 2.24t에 달합니다. 그럼에도 불구하고 육식을 줄이기는 쉽지 않습니다. 과연 사람의 먹을거리와 환경 보존을 충족시키는 방법은 없을까요?

최근 이 두 가지 문제를 동시에 해결할 기술이 개발돼 주목을 끌고 있습니다. 초기 푸드 스타트업 '키버디(Kiverdi)'가 공기 중의 미생물을 이용하여 '에어 프로테인'이라는 단백질로 전환하는 데 성공한 것이죠. 에어 프로테인은 식물성 고기나 동물 세포를 증식해 만드는 배양 고기와 다른 제3의 대체 육류입니다. 물리학 박사이자 키버디의 연구소장인 리사 다이슨(Lisa Dyson)이 NASA 소속 과학자들이 오래전 연구한 우주비행사들의 식량재배법에서 영감을 얻어 공중에서 단백질을 제조하는 기술을 고안해냈습니다. 그는 환경에 이로운 단백질원을 만들어내는 데 힘쓰고 있는 과학자입니다.

1960년대 당시 NASA의 과학자들은 우주 탐험에 필요한 다양한 연구들을 하면서 우주비행사에게 식량을 공급하기 위한 '식품 조달 시스템'을 연구했습니다. 지금은 널리 보급된 지상의 수직 농장이나 3D프린터 같은 기술을 검토했지만, 당시에는 현실성이 없다고 판단해 더 이상 기술 연구가 이뤄지지 않았습니다. 대신 공기와 인체의 장에도 서식하는 영양 박테리아 '산화수소체(hydrogenotrophs)'를 찾아내 다시 연구했습니다.

NASA의 과학자들은 이 미생물이 이산화탄소를 먹이로 먹고 단백질을 생산한다는 사실을 알아냈습니다. 이를 이용하면 우주비행

사들이 섭취할 단백질을 현장에서 곧바로 만들어낼 수 있지 않을까 생각했습니다. 즉 우주비행사들이 숨을 내쉴 때 내뿜는 이산화탄소를 단백질로 전환해주는 방식입니다. NASA는 이러한 연구 내용을 담은 보고서를 1967년 12월에 출판했습니다. 하지만 이 시스템은 개발되지 못했습니다.

다이슨은 반세기가 지난 NASA의 보고서를 찾아내 산화수소체를 발효시켜 단백질을 만들어내는 기술을 개발했습니다. 이 기술의 핵심은 공기를 이루는 성분(이산화탄소와 산소, 질소)에 재생에너지를 공급하여 동물성 단백질과 동일한 아미노산 조성을 가진 '에어 프로테인'을 생성하는 것입니다. 산화수소체는 공기 중 성분인 이산화탄소를 먹고 자랍니다. 그래서 다이슨은 대기에 흩뿌리면 단백질 분말로 바꿀 수 있는 효율적 발효제를 개발했습니다.

에어 프로테인을 만드는 장소는 공중으로 세울 공간만 있으면 충분합니다. 수직 공간만 마련되면 비와 햇빛, 온도, 계절에 상관없이 단백질 생산이 가능합니다. 디즈니월드만 한 크기의 농장에서 생산하는 에어 프로테인의 양은 텍사스주 크기의 두유 농장에서 생산하는 단백질의 양과 맞먹을 정도라는 게 다이슨의 설명입니다. 이산화탄소를 먹고 단백질을 생산하기 때문에 당연히 환경오염 문제에서도 벗어납니다.

에어 프로테인은 9가지의 필수아미노산을 포함한 순도 99%의 단백질입니다. 아미노산 함량이 육류에 비해 2배나 많습니다. 또 과채

류에서는 섭취하기 힘든 비타민B를 비롯해 미네랄도 풍부합니다. 다이슨은 이처럼 영양 많은 단백질을 어떻게 활용할지 계획 중입니다. 에어 프로테인을 가공하면 대체 육류품은 물론 파스타, 시리얼, 셰이크 같은 다양한 식품으로 활용할 수 있습니다.

다이슨은 2019년 11월 에어 프로테인 상품을 출시하기 위해 키버디의 자회사를 설립했고, 에어 프로테인을 활용해 육류의 맛과 식감이 비슷한 식재료 시제품을 만들기도 했습니다. 다이슨은 이 상품이 나오기 전에 언제, 어떻게 시장에 출시할 것인지 먼저 공고할 예정입니다. 하나둘씩 서서히 시장에 나올 에어 프로테인 식품을 기다려봅시다.

🌐 발효 탱크서 미생물 배양 단백질 얻어

한편 핀란드에서도 단백질 분말을 만들고 있습니다. 스타트업 '솔라푸드(Solar Foods)'가 만든 '솔레인(Solein)'이 바로 그것입니다. 솔라푸드와 핀란드 VTT기술센터, 라펜란타기술대가 함께 개발한 솔레인은 미생물을 배양해 단백질을 얻습니다. 에어 프로테인과 달리 이산화탄소와 물, 재생 가능한 전기를 이용해 고단백질을 만듭니다.

미생물은 발효탱크 안에서 수소와 이산화탄소를 먹고 자랍니다. 미생물에 필요한 이산화탄소는 공기에서 추출하고, 수소는 물에 전기를 공급해서 얻습니다. 우선 전기로 물을 산소와 수소로 분해합니다. 이때 환경오염 방지를 위해 물 전기분해 과정에는 재생 가능

지구의 마지막 1분

에너지인 수력 전기를 사용합니다. 수소는 공기 중의 이산화탄소와 결합해 발효탱크에 있는 미생물의 먹이로 쓰입니다. 수소와 이산화탄소를 먹은 미생물은 사람에게 유용한 단백질을 배출합니다. 이를 건조하면 각종 식품에 쓸 수 있는 분말 형태의 식용 단백질이 됩니다. 솔레인을 만드는 과정에서 나오는 탄소 배출량은 육류 생산의 1% 수준입니다.

솔레인의 성분은 무엇으로 구성되어 있을까요? 솔레인은 필수아미노산이 모두 포함된 단백질이 50% 정도입니다. 순도 99%의 단백질인 에어 프로테인과 단백질 양의 차이가 큽니다. 나머지는 지방 5~10%, 탄수화물 20~25%와 비타민B가 차지합니다. 따라서 솔레인의 주된 용도는 대체 육류용보다는 빵이나 파스타, 요구르트를 포함해 기존 식품의 단백질 함량을 높이는 데 유용하다고 솔라푸드의 CEO인 파시 바이니카(Pasi Vainikka)는 말합니다. 빵이나 파스타 등에 뿌리는 토핑 재료로도 사용할 수 있습니다.

환경과 건강을 지키기 위해 개발되는 대체 육류가 실제 고기의 향과 식감을 구현할 날도 머지않았습니다.

그렇다면 맛이 없어도 대체 육류를 먹을까요? 사실 돼지나 소 등의 가축에서 얻은 육류에는 단백질과 지방의 양이 많아 고기를 구울 때 나는 향과 먹을 때 씹히는 식감을 결정합니다. 하지만 대체 육류는 향이나 식감이 실제 가축의 고기와는 다르게 느껴질 수도 있습니다. 이런 부분까지 세밀하게 연구되어 자연의 공기에 포함된 성분들로 만든 단백질이 인류의 새로운 식량원이 되길 기대합니다.

IV

-

플라스틱,
계속 쓸 거라면 잘 처리하자

돌고래 멸종 부르는 플라스틱의 저주
- 미세플라스틱

돌고래의 소변에서 내분비계 교란물질인 프탈레이트가 검출돼 충격을 안겨주고 있습니다. 인간이 버린 플라스틱 쓰레기가 먹잇감이 된 게 그 원인으로 분석됩니다. 간혹 돌고래의 지방이나 피부에서 프탈레이트를 검출했다는 소식이 전해진 적은 있지만 소변에서까지 검출된 것은 처음입니다.

내가 마신 음료수가 돌고래를 죽인다

지금 세계는 플라스틱과 전쟁 중입니다. 플라스틱 쓰레기는 땅에 매립되기도 하지만 일부는 강이나 배수구 등을 타고 바다로 흘러 들어갑니다. 바다 위를 떠다니는 플라스틱 쓰레기만 3500만t에 이를 정도죠. 2025년이면 해양의 플라스틱 쓰레기가 현재의 2배까지 폭증할 수 있다는 예측도 나옵니다.

이로 인해 가장 먼저 피해를 입는 건 해양생물입니다. 2018년 2월 미국·호주·이탈리아 국제 공동연구팀은 바닷속에 살고 있는 거대한 고래는 물론 상어, 가오리 등 생태계를 주도하는 생물들이 플랑크톤 등 작은 크기의 먹잇감과 함께 떠다니는 미세플라스틱(microplastic)으로 생존에 위협을 당하고 있다고 발표한 적이 있습니다.

특히 고래와 돌고래의 경우 50% 이상이 플라스틱을 먹는 것으로 알려졌습니다. 고래는 썩지 않는 플라스틱 때문에 위가 파열돼 종종 죽은 채로 발견되기도 합니다. 최근엔 스페인 남부 카보데팔로스 해변에서 몸길이 10m의 고래가 죽은 채로 발견됐는데, 위장에서 비닐백과 플라스틱 물병 등이 나왔습니다. 사망 원인은 복막염인데요. 이 고래는 플라스틱 쓰레기를 무려 29kg이나 삼킨 것으로 드러났습니다.

문제는 플라스틱 쓰레기가 거친 해류와 태양 자외선(UV)에 의해 점점 더 작은 조각으로 쪼개지면서 유해물질을 내놓는다는 점입니다. 우리가 버린 '플라스틱 쓰레기'가 5mm 이하의 '미세플라스틱'이 돼 해양생물의 배 속에 들어가는 것 자체는 그리 큰 문제가 아닙니다. 작은 유기체들이 미세플라스틱을 먹을 경우 내장에 그리 오래 남아 있지는 않기 때문입니다. 요각류에서는 수 시간 뒤면 배설되고, 홍합에서도 며칠 머무르다가 나옵니다.

진짜 문제는 독성입니다. 플라스틱 제품에 코팅된 화학첨가물이 물에 녹아 나오는 것도 생태계에 악영향을 미치지만 비스페놀이나 프탈레이트처럼 플라스틱 그 자체가 독성을 가지고 있는 경우도 있습니다. 미국 찰스턴대와 시카고 동물학협회 연구팀은 야생 돌고래에서 내분비계 교란물질인 프탈레이트가 발견됐다는 연구 논문을 발표한 바 있습니다. 2016~2017년까지 플로리다주 새러소타만에 사는 야생 병코돌고래 17마리의 소변 샘플을 채취해 분석한 결과, 12마리에서 적어도 1종류 이상의 프탈레이트가 발견됐다는 것이죠. 이 물질은 3~6개월이 지나도 배설되지 않은 채 체내에 남아 돌고래의 내분비계를 교란시킨 경우도 있습니다.

내분비계 교란물질(환경호르몬)은 인체의 호르몬과 구조가 비슷해 일단 몸속으로 들어가면 세포물질과 결합하여 내분비계 기능을 교란시키는 물질입니다. 즉 동물이나 사람의 몸속에 들어가 호르몬의 작용을 방해하거나 혼란시키는 물질을 총칭합니다. 대표적으로 여성호르몬인 에스트로겐을 증가시켜 남성의 여성화를 만들고, 여성의 경우 유방암 증가와 초경 같은 2차 성징을 앞당기는 등 생식기능에 문제를 일으킵니다. 야생동물에게도 비슷한 영향을 끼쳐 수컷의 생식능력 저하로 멸종을 초래하기도 합니다. 이런 물질은 쉽게 분해되지 않아 토양이나 물속에 수년 동안 남아 있고, 특히 생물체에서는 지방조직에 축적되는 특징이 있습니다.

연구팀이 조사한 야생 병코돌고래의 몸속 프탈레이트는 돌고래를 죽음에 이르게 할 만큼의 양은 아닙니다. 하지만 꽤 다량이 검출되었다는 점에서 놀랄 만한 일입니다. 일부 돌고래에서는 사람에게서 검출되는 농도와 비슷한 양이 검출되기도 했습니다. 프탈레이트는 적은 양일지라도 돌고래의 생식기능에 영향을 미쳐 개체 수를 감소

| 인간이 버린 플라스틱 쓰레기가 바다로 흘러가 돌고래에게 피해를 주고 있습니다.

시킬 수 있기 때문에 머지않은 시기에 멸종위기에 놓이게 할 가능성
이 큽니다.

사실 인간은 흔히 프탈레이트에 노출되어 있습니다. 각종 세제나
화장품 등을 통해서입니다. 하지만 프탈레이트가 깊은 바다에 사는
돌고래의 먹잇감까지 되었다는 것은 심각한 사안입니다. 대체 어쩌
다 프탈레이트가 돌고래의 몸속까지 들어가게 되었을까요? 그 과정
은 아직 밝혀지지 않았지만, 잘 분해되지 않는 플라스틱이 도시에서
바닷물을 통해 먼 거리의 돌고래 서식지까지 흘러 들어갔을 가능성
이 크다는 게 연구팀의 설명입니다.

플라스틱의 독성, 고스란히 우리 몸으로

어떤 플라스틱이 어떤 경로를 통해 바다로 들어가는지를 알아내
는 것은 매우 중요한 일입니다. 플라스틱 소비자인 우리가 오염 감소
를 위해 할 수 있는 방법을 찾을 수 있기 때문입니다. 그렇다면 돌고

래의 몸속까지 오염시킨 프탈레이트는 대체 어떤 물질일까요?

프탈레이트는 플라스틱을 유연하게 만들기 위해 첨가하는 화학물질의 일종입니다. 탈산염이라고 부르기도 합니다. 주로 장난감이나 가전제품 등 플라스틱이 원료인 제품에 널리 쓰입니다. 방향제나 로션, 방취제, 세제 등의 각종 폴리염화비닐 제품은 물론 말랑말랑 기분 좋은 감촉을 내는 고무 제품에도 들어있습니다. 체내 반감기는 12시간입니다. 짧지만 워낙 흔하게 사용되어 생활 속에서 피해가기는 거의 불가능합니다. 몸속에서 내보내면 다시 들어오고 또 내보내면 다시 들어오는 식입니다. 즉 우리는 늘 프탈레이트에 노출되어 있다는 이야기죠.

프탈레이트가 기준치를 초과해 다량 함유된 제품을 오랫동안 사용하면 생식기능 등 내분비계에 교란이 일어나 신체발달에 나쁜 영향을 끼칠 수 있습니다. 따라서 세계 각국은 프탈레이트를 1999년부터 내분비계 기능 장애를 일으키는 환경호르몬으로 지정해 관리해오고 있습니다.

그런데 이번 미국 찰스턴대 연구팀의 야생 병코돌고래 연구가 프탈레이트 오염의 심각성을 다시 한번 알려주고 있습니다. 바다 생태계 최강자인 고래까지 프탈레이트에 오염됐다는 것은 이미 다른 해양생물들도 오염되었을 가능성이 크다는 의미이기도 합니다. 고래상어의 경우 이미 국제자연보호연합(IUCN)의 멸종위기동물 목록에 올라가 있는 상태입니다.

지구 표면의 70%를 차지하는 해양 생태계가 교란되면 어떻게 될까요? 그 영향은 결국 전 지구적으로 확산돼 인간도 파멸을 피하기 어렵습니다. 먹이사슬을 타고 미세플라스틱을 먹은 조개를 사람이 먹게 된다면 조개 속의 미세플라스틱이 사람의 배 속으로 옮겨오게 되기 때문입니다.

인간이 버린 플라스틱 쓰레기가 결국 인간에게 돌아오는 건 당연합니다. 바다 생태계의 멸종이라는 극단적 사태를 피하려면 지금 바로 특단의 대책을 내려야 합니다. 그래야 인간도 삽니다.

폐플라스틱의 환골탈태
- 고분자 플라스틱

　재활용이 쉽지 않은 플라스틱을 완전히 재활용할 수 있는 길이 열렸습니다. 미국 애크런대학교 고분자과학대 왕쥔펑 교수팀이 개발의 주인공인데요. 이들은 다 쓰고 난 폐플라스틱을 원래 순수한 상태의 물질(원료)로 분해해 재활용할 수 있는 길을 열었습니다. 환경보호에 필수적인 연구팀의 재활용 플라스틱 연구는 2021년 8월 18일(현지시각) 국제학술지 〈네이처 화학〉에 실렸습니다.

　재활용 플라스틱은 기계적 재활용과 화학적 재활용으로 나뉩니다. 화학적 재활용은 어려운 기술입니다. 작은 분자량의 단위체(monomer)로 만들어 다시 사슬을 합성해야 하기 때문이죠. 단위체는 고분자를 형성하는 단위가 되는 분자입니다. 쉽게 말해 레고블록 한 개를 생각하면 됩니다. 플라스틱은 단위체를 중합(2개의 서로 다른 단위체와 결합하여 분자량이 큰 화합물로 생성)한 반복 구조의 고분자(polymer)입니다. 고분자는 분자량이 1만~100만으로 큽니다.

열가소성 플라스틱인 폴리에틸렌(PE)과 폴리프로필렌(PP) 등은 고분자 사슬이 탄소(C)-탄소(C) 결합으로 이뤄져 화학적으로 안정된 구조입니다. 이 때문에 분해가 잘 되지 않습니다. 탄소 원자의 긴 배열에 약간의 다른 원자들이 붙어 있어서 이들을 화학적으로 재활용하려면 탄소 결합을 끊어 단위체인 에틸렌이나 프로필렌 원료로 만들어야 합니다. 그러려면 수백 도의 고온이 필요하고 꽤 많은 반응 에너지를 투입해야 하죠. 이 같은 과정에는 처음 석유에서 단위체 원료를 만들어낼 때보다 비용이 훨씬 더 많이 듭니다. 화학적 재활용이 어려운 이유입니다.

그래서 지금은 기계적(물리적) 재활용에 집중하고 있습니다. 기계적 재활용은 버려지는 플라스틱에서 오염물질을 씻어내고 다시 녹여 새로운 형태로 만들어내는 방식입니다. 폐플라스틱을 회수하고 이를 분쇄 과정을 통해 알갱이 단위의 원료인 펠릿(Pellet) 형태로 만든 다음 해당 펠릿을 깨끗하게 세척한 후 비중 차이를 이용해 선별·분리 작업을 진행합니다. 분리된 재료들은 기존 원료와 적당한 비율(20~50%)로 혼합해 플라스틱 소재로 만듭니다.

문제는 이런 과정을 거쳐 플라스틱 소재를 만들어도 염료나 유연제 등 이전에 사용된 각종 첨가제로 고분자의 질이 떨어지고, 아무리 깨끗이 세척한다 해도 불순물이 남는다는 점이죠. 많은 처리비용도 기계적 재활용의 발목을 잡는 요소입니다. 플라스틱 소비 대국인 미국의 플라스틱 재활용률이 고작 10%에 불과한 것도 이런 점 때문입니다. 대부분 방치되거나 소각되는 실정입니다.

플라스틱은 종류가 다양하고 재질마다 재활용 공정이 다릅니다. 따라서 제품을 설계하는 단계에서부터 재활용을 어떻게 할 것인지 고려해 분자 복잡성을 최소화하는 것이 필요하다고 전문가들은 말합니다. 왕쥔펑 교수팀은 고분자인 중합체를 원래 재료인 단위체로 다시 분해할 수 있도록 처음부터 설계해 플라스틱의 지속 가능한 화학적 재활용의 실마리를 찾았습니다.

연구팀의 지속 가능한 재활용 단위체 찾기에는 고성능의 컴퓨터가 동원되었습니다. 컴퓨터로 다양한 방법의 계산을 수없이 거듭한 끝에 적합한 이론적 단위체(원료)를 찾아냈습니다. 이후 이론적 단위체를 tCBCO(trans-cyclobutane-fused cyclooctene)라는 실제 단위체로 만들어 내는 데 성공했습니다. 탄소 원자 8개가 고리를 이루는 1,5-사이클로옥텐(1,5-cyclooctene)과 트랜스-부탄(trans-butane)을 이용해 설계한 단위체입니다. 연구팀은 계속해서 이 단위체 원료를 중합 반응을 통해 고분자 합성에까지 성공시켰습니다.

🌡️ 열에도 강한 새로운 고분자 합성

연구팀이 합성한 고분자는 기존 플라스틱의 특성인 열에 대한 안정성과 기계적 특성이 뛰어난 것으로 나타났습니다. 기계적 특성은 물질이 뒤틀리거나 파손되지 않고 구부려질 수 있는 굴곡 특성, 재료를 잡아당겼을 때 그 재료가 파괴될 때까지의 응력(본래 모양을 지키려는 물체의 힘)을 표시하는 인장 강도, 충격을 받았을 때의 저항 강도를 나타내는 충격 강도 등을 말합니다.

연구팀의 고분자는 370℃의 고온에서도 분해되지 않을 만큼 열에
도 강합니다. 또 탄소와 염소로 이뤄진 화합물인 클로로포름(CHCl₃)
같은 용매를 사용하면 90% 이상이 단위체로 분해될 만큼 화학적
특성이 우수합니다. 이렇게 얻은 단위체 원료를 다시 사용해 중합하
면 새 플라스틱이 만들어지는데, 이 과정이 수차례 반복되어도 새로
태어난 플라스틱의 물성은 떨어지지 않죠. 폐플라스틱에서 처음과
같은 고품질 원료를 쉽게 뽑아낼 수 있다는 이야기입니다.

새로운 고분자의 기계적, 화학적 특성을 부여하는 역할은 사이클
로부탄(cyclobutane · C₄H₈)이 담당하는 것으로 알려졌는데요. 사이클로
부탄은 사용 후의 폐플라스틱이 단위체 원료로 분해되는 데도 참여
해 고분자 사슬을 끊는 데 영향을 줍니다. 사이클로부탄의 사슬 양
쪽 끝은 사이클로부탄이 결합하여 사슬이 계속 이어지면서 구조화
되는데, 사슬은 열에 안정적이면서 산과 염기 처리에도 견딥니다. 만
약 고분자의 물성(物性)을 변화시키고자 할 때는 사이클로부탄을 다
른 물질로 바꿔주면 가능하다고 연구팀은 설명합니다. 연구팀은 또
화학적 재활용에서는 연구팀의 새 플라스틱과 다른 유형의 플라스
틱 불순물이 포함돼도 별문제가 되지 않는다는 점도 보여줬습니다.
예를 들어 화학결합 구조가 다른 플라스틱 빨대와 CD 케이스 조각,
색깔이 있거나 투명성이 다른 플라스틱 쓰레기를 섞어 처리해도 새
플라스틱의 분자만 분리해낼 수 있기 때문에 플라스틱 원료를 일일

| 고분자 플라스틱은 각 원료를 구분할 필요 없이 재활용할 수 있습니다.

이 선별할 필요가 없다는 것이죠. 플라스틱의 단열성 차이에도 불구하고 재활용률을 100% 가깝게 끌어올릴 수 있다는 것으로, 이는 기계적 재활용을 더 이상 신경 쓸 필요가 없다는 뜻입니다. 그야말로 완벽하게 재활용할 수 있는 플라스틱이 개발된 셈입니다.

연구팀의 완전 재활용 플라스틱의 핵심은 폐플라스틱을 재활용하는 데 그치지 않습니다. 이 기술을 바탕으로 새로운 경제 가치와 비즈니스를 창출해 '지속 가능한 생태계'를 이뤄내는 진정한 순환경제를 실현하는 것이 목표입니다. 고무와 플라스틱에 모두 사용할 수 있는 연구팀의 새로운 합성 고분자는 순환형 재활용의 드문 예입니다. 왕쥔펑 교수는 플라스틱 재활용의 걸림돌을 제거한 특수 화학결합을 가진 새 고분자가 현재 사용 중인 고분자를 대체할 후보가 될 것으로 기대하고 있습니다.

지구의 마지막 1분

왕쥔펑 교수팀의 혁신적 신기술은 플라스틱을 일회용이 아닌 거의 무한한 수명을 가진 재료로 변형시킬 수 있다는 점에서 의미가 큽니다. 이제 이 기술이 상용화될 일만 남았습니다. '플라스틱 재활용의 경제학'을 바꿀 수도 있는 연구팀의 차세대 플라스틱 보급에 지구촌이 주목하고 있습니다.

플라스틱 분해, 일주일도 안 걸린다

- 생분해 플라스틱

100% 생분해되는 플라스틱이 개발되어 세계인의 주목을 끌고 있습니다. 포스트 코로나 시대에 넘쳐나는 일회용 플라스틱은 또 다른 재난입니다. 우리 생활에서 플라스틱만큼 다양하게 쓰이는 제품이 없지만, 유일한 결함이라면 플라스틱을 없애버릴 방법이 없다는 것입니다. 미국 버클리 캘리포니아대 재료과학 및 공학부 쉬팅(Ting Xu) 교수팀이 개발한 '진짜' 생분해 플라스틱은 환경오염의 주범인 플라스틱 문제를 해결할 대항마로 떠오르고 있습니다.

플라스틱 먹는 효소 제작 단계부터 투입

플라스틱은 화학이 만든 최고의 발명품입니다. 하지만 플라스틱 쓰레기들이 자연 분해되는 데는 최소 20년, 길게는 수백 년이 걸립니다. 또 불에 태울 경우 생태계를 교란시키는 환경호르몬이 배출돼 환경을 위협하는 최대의 적(敵)입니다. 반면 생분해성 플라스틱은 땅에 묻으면 저절로 썩어서 사라집니다. 이 같은 차이는 플라스틱을 만드는 원료에 있습니다.

보통의 플라스틱은 수많은 분자를 인공적으로 결합해 만든 고분자 화합물입니다. 탄소 원자의 긴 배열에 약간의 다른 원자들이 붙어 있습니다. 이 같은 탄소 배열은 자연계에는 없습니다. 이는 플라스틱이 자연적으로 '생체 분해'될 수 없다는 것을 의미합니다. 한편 대부분의 생분해성 플라스틱은 폴리에스테르의 일종인 '폴리 유산(PLA)'으로 만듭니다. PLA는 재생 가능한 원료인 옥수수 등에서 추출한 전분을 발효시켜 생성합니다.

'썩는 플라스틱'으로 알려진 PLA는 폐기되면 물과 탄산가스로 분해되는 친환경 소재입니다. 환경 부담이 큰 식품 포장용기나 쓰레기봉투 등 생활용품과 산업용 내외장재로 광범위하게 쓰입니다. 공기가 잘 통해 기존 플라스틱 비닐보다 과일이나 야채가 더 신선하게 유지됩니다.

하지만 지금까지의 생분해 플라스틱은 분해 과정을 거쳐도 100% 분해되지 않았습니다. 생분해 플라스틱이 썩기 위해서는 수분 70% 이상에 58℃ 이상의 적절한 온도 등이 전제돼야 하는데, 현재는 이러한 환경을 갖춘 매립장이 많지 않거든요. 따라서 생분해 플라스틱이 어설프게 썩어 오히려 분해 과정에서 미세플라스틱이 남게 되고, 이것이 일반 쓰레기매립지로 유입돼 재활용이 가능한 다른 플라스틱까지 오염시키는 등 골칫거리가 되어왔습니다.

이 같은 상황에서 최근 놀랄 만한 희소식이 전해졌는데요. 쉬팅 교수가 이끄는 과학자들이 열과 물만을 이용해 몇 주 만에 플라스틱을 100% 분해하는 방법을 개발했다는 것입니다. 그 비밀은 효소에 있습니다. 생분해 플라스틱 제조 과정에서 원료인 PLA를 먹어치우는 효소를 고분자(RHP)로 감싼 뒤 이를 넣은 것입니다. RHP는 플라스틱을 만들 때 효소가 서로 떨어져 나가지 않게 잡아주는 역할을 합니다.

쉬팅 교수팀의 성과는 2018년의 연구가 발판이 되었습니다. 당시 연구팀은 플라스틱 먹는 효소를 감싸는 방법을 연구하다가 '무작위 이종 중합체(RHP)'라는 합성 고분자를 개발했습니다. 이 고분자의 가치가 이번 연구에서 드러났습니다. 고분자로 감싼 효소가 추가되더라도 플라스틱의 기본 특징과 기능에는 영향이 없었습니다.

50℃에서 6일 만에 100% 생분해

그렇다면 RHP로 감싼 효소가 들어간 플라스틱은 어떻게 분해될까요? 생분해 플라스틱이 폐기되었을 때 땅에 묻고 따뜻한 물만 부어주면 끝입니다. 따뜻한 물을 부으면 효소를 감싸고 있던 RHP가 분리돼 효소가 깨어나서 PLA의 고분자 사슬을 먹어치워 젖산으로 바꿉니다. 젖산은 토양 속의 다양한 미생물이 처리해 퇴비로 쓰일 수 있습니다. 효소를 감싼 RHP도 자연 분해되어 없어지기 때문에 미세플라스틱이 생길 일이 없습니다.

연구팀은 실험실에서 온도와 물의 조합을 달리해가며 효소가 들어간 PLA 섬유의 생분해성을 검증했습니다. 그 결과 상온에서 일주일에 80%가 분해되고, 50℃의 온도에서는 6일 만에 100% 모두 생분해되었습니다. 물의 온도가 높으면 높을수록 분해 속도가 빠르게 나타났습니다. 쉬팅 교수에 따르면 온도가 높을수록 PLA의 단단한 구조가 빨리 풀리고, RHP에 싸인 효소가 더 많이 움직여 PLA의 고분자 사슬 끝을 빨리 찾아서 먹게 되기 때문입니다.

여기서 하나의 의문이 생깁니다. 평소에도 생분해 플라스틱을 사용하다가 따뜻한 물로 세탁한다면 플라스틱이 분해되는 건 아닐까요? 이에 대해 쉬팅 교수는 RHP로 감싼 효소가 들어간 PLA 섬유를 미지근한 물에 몇 시간 또는 하루 이틀의 짧은 기간 담가놓아도 생분해가 일어나지 않는다고 말합니다. 이들의 연구 결과는 국제학술지 〈네이처〉에 실렸습니다.

이제 남은 과제는 상용화입니다. 실제로 RHP 나노 효소를 가진 생분해성 플라스틱을 보급하려면 이 효소를 값싸게 대량 생산할 수 있어야 합니다. 교수팀의 생분해 플라스틱은 어떤 생분해성 플라스틱보다 비용이 가장 적게 드는 것으로 나타났습니다. 연구팀의 일원 중 한 명은 현재 기업을 설립, 상용화를 추진 중입니다.

과학자들은 지구환경을 지키기 위한 방법의 하나로 플라스틱 분해 효소를 찾습니다. 2021년 4월 〈네이처〉에 소개된 '폐플라스틱병 10시간 안에 90% 이상 분해'라는 연구도 그러한 노력의 결실입니다.

알랭 마르티 프랑스 국립응용과학원 연구원팀과 화학기업 카르비오스 연구팀이 나뭇잎 퇴비 속에서 플라스틱 분해 효소를 찾아냈습니다. 일명 '나뭇잎 퇴비 큐틴 분해효소(LLC)'입니다. 이 효소는 플라스틱 페트병 하나를 10시간 안에 분해합니다.

빠르게 분해해 재활용까지 가능하게 하는 완벽한 효소

연구진은 10만여 종의 미생물 후보군 중 페트병을 분해하는 능력이 있다고 알려진 몇 개의 효소를 선별했습니다. 이어 특별히 두각을 보인 LLC 원재료를 조작했습니다. 원래 이 야생 효소는 20시간 동안 최대 53%까지만 분해가 가능한 수준인데, 연구진이 10시간 안에 90% 이상 분해하는 수준까지 효소의 능력치를 끌어올렸습니다. 페트병을 분해하는 효소는 이전에도 다양하게 발견되었지만 분해 속도가 너무 느려 효과를 거두지 못했습니다. 페트병 하나 분해하는 데 며칠씩 걸렸습니다.

마르티 연구원팀이 발견한 효소는 지금까지 보고된 어떤 효소들보다 플라스틱 분해 속도가 빠릅니다. 속도만 빨라진 게 아닙니다. 플라스틱 재활용을 가능하게 하는 능력도 갖췄습니다. LLC를 이용해 완전히 분해된 플라스틱은 처음 원료 상태의 화학물질로 다시 돌아가는데, 그것을 그대로 페트병을 만드는 데 쓸 수 있습니다. 그야말로 완벽하게 재활용할 수 있다는 뜻입니다.

세계의 과학자들은 앞으로도 계속 효소를 활용한 플라스틱 분해 연구를 해나갈 것입니다. 한층 개선된 분해 효소들이 등장하여 플라스틱 쓰레기라는 골칫거리를 해결해 주길 기대합니다.

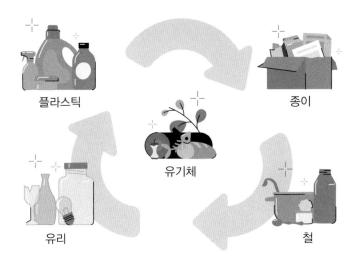

플라스틱

종이

유기체

유리

철

비닐을 먹는 애벌레라니!
- 꿀벌부채명나방 애벌레

플라스틱 없는 세상은 상상할 수 없습니다. 석유·석탄·천연가스 등을 원료로 한 100년의 역사를 가진 플라스틱은 가볍고 튼튼하며 일정한 온도를 가하면 물렁물렁해져 어떠한 모양이든지 손쉽게 만들 수 있기 때문에 생활용품에서부터 가전, 건축, 자동차, 항공기에 이르기까지 우리 생활 깊숙이 자리 잡고 있습니다. 하지만 전 세계적으로 배출되는 막대한 양의 플라스틱 쓰레기는 환경을 위협하고 있죠. 플라스틱은 열에 의해 조금씩 분해되기는 하지만 잘 썩지 않는다는 게 가장 큰 문제입니다.

과학자들은 그동안 플라스틱 쓰레기 문제를 해결하기 위해 다양하게 연구를 진행해 왔습니다. 자연에서 생분해되는 최첨단 바이오 플라스틱 소재를 개발해 보급도 했지만 가격이 너무 비싼 탓에 보급이 잘 이루어지지 않았습니다. 과학자들조차 뾰족한 대안이 없던 상황에서 플라스틱을 갉아먹고 이를 분해할 수 있다는 애벌레가 발견돼 주목을 받고 있습니다. 과연 이 애벌레는 플라스틱 쓰레기 문제를 해결할 수 있을까요?

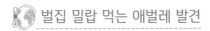 벌집 밀랍 먹는 애벌레 발견

플라스틱 쓰레기 문제를 해결할 수 있는 단초는 우연히 발견되었습니다. 그 주인공은 스페인 국립연구위원회(CSIC) 소속의 페데리카 베르토치니(Federica Bertocchini) 연구원. 부업으로 양봉을 하던 그는 2017년 어느 날 벌집 안의 밀랍(wax)이 줄어들고 있는 사실을 발견했습니다. 이상한 생각이 들어 벌집을 들여다보니 그 안에 꿀벌부채명나방의 애벌레들이 우글거리는 게 아닌가요! 원래 꿀벌부채명나방은 벌집에 알을 몰래 낳는데 알에서 깨어난 애벌레가 벌집에 기생하며 밀랍을 먹고 자랍니다. 꿀벌부채명나방은 우리나라를 비롯해 유럽과 아메리카까지 널리 분포합니다.

베르토치니는 벌집을 뜯어먹는 이 애벌레들을 잡아 비닐봉지에 넣어두었습니다. 그런데 이튿날 보니 비닐봉지에 여기저기 구멍이 나 누더기가 돼 있습니다. 이를 이상하게 여겨 애벌레들을 실험실로 가지고 온 것이 연구의 계기가 되었다고 합니다.

꿀벌부채명나방의 애벌레가 먹어치운 봉지의 재질은 폴리에틸렌(PE)입니다. 가볍고 질겨 포장재로 세계에서 가장 널리 쓰이는 플라스틱입니다. 폴리에틸렌 비닐봉지는 매년 전 세계에서 1조 개(1인당 매년 평균 230개)가 사용되고 있는 상황입니다. 이 중 재활용되고 있는 경우는 26%에 불과합니다. 36%는 여기저기서 태워져 대기를 오염시키고 있고, 38%는 쓰레기 매립장 혹은 산과 강, 바다 등에 버려져 토양을 질식시키거나 바다로 떠내려가 환경을 파괴하고 있습니다. 폴리에틸렌은 가장 분해되기 어려운 플라스틱 중 하나입니다.

베르토치니는 실험실로 가지고 온 애벌레를 스페인 국립연구위원회·영국 케임브리지대의 연구진과 함께 정밀하게 관찰하기 시작했습니다. 애벌레가 폴리에틸렌을 얼마나 분해할 수 있는지 시험해 보기로 한 것이죠. 연구원들은 애벌레 100마리를 폴리에틸렌 비닐봉지 위에 올려놓았습니다. 그러자 40여 분 뒤 상당한 크기의 구멍이 1~3개 정도 났고 12시간 후에는 폴리에틸렌 92mg을 분해해 비닐봉지 무게가 6분의 1 정도로 줄었습니다. 분해하기 힘들다는 폴리에틸렌 비닐봉지를 갉아먹으며 소화시키고 있음에도 애벌레의 내장에는 아무런 손상이 없었습니다.

꿀벌부채명나방 애벌레는 어떻게 질긴 플라스틱을 먹을 수 있게 된 것일까요? 베르토치니의 설명에 의하면, 벌집을 구성하는 밀랍은 고분자 화합물로 일종의 '천연 플라스틱'이나 다름없습니다. 밀랍의 화학구조(중합체 사슬 구조)가 폴리에틸렌과 크게 다르지 않아 화학적 특성이 비슷하다는 것입니다. 즉 애벌레는 벌집의 밀랍을 소화하는 능력이 있기 때문에 비슷한 화학구조의 비닐봉지를 말끔히 먹어치웠다는 것입니다.

이를 바라본 연구원들은 꿀벌부채명나방의 애벌레를 이용하면 플라스틱을 분해할 수 있다는 생각을 갖기 시작했습니다. 그래서 특수한 세균과 곰팡이로 플라스틱을 분해하는 기존의 생분해성 플라스틱 사례와 꿀벌부채명나방 애벌레의 플라스틱 분해 능력을 비교해봤습니다. 그 결과 가장 최근 발견된 분해 능력이 뛰어난 세균은 하루에 ㎠당 0.13㎎의 플라스틱을 분해한 반면, 연구원들이 애벌레를 으깬 뒤 비닐봉지에 바른 실험에서는 하루에 ㎠당 5.52㎎의 플라스틱을 분해했습니다. 최고의 플라스틱 분해 세균보다 40배 이상 뛰어난 분해 능력입니다. 이 연구는 국제학술지 〈커런트 바이올로지〉에 최근 실렸습니다.

분해효소를 찾아라

여기서 이런 의심을 해볼 수 있습니다. 애벌레가 비닐봉지를 잘게 쪼개 먹은 후 다시 그대로 배설한다면 결국 '미세플라스틱 공해'라는 문제가 그대로 남는 게 아닐까 하는 의심 말이죠. 그런데 놀랍게도 꿀벌부채명나방 애벌레는 비닐봉지의 주성분인 폴리에틸렌을 먹은 뒤 알코올의 일종인 에틸렌글리콜로 변형시킵니다. 플라스틱의 화학적 구조를 변형시키지 않은 채 그저 먹어치운 것이 아니라 실제로 폴리에틸렌 플라스틱의 중합체 사슬을 깨뜨리는 능력이 있다는 것입니다. 에틸렌글리콜은 부동액에 주로 사용하는 물질로, 독성이 있어서 먹으면 인체에 치명적인 손상을 입힐 수 있지만 자연적으로 쉽게 분해됩니다.

다만 애벌레 체내의 어떤 효소가 폴리에틸렌을 분해하는지는 밝히지 못했습니다. 연구원들은 애벌레의 침샘이나 장내 공생세균에서 플라스틱의 화학적 연결을 끊는 물질(효소)이 나오는 게 아닐까 추정하고 있습니다. 꿀벌부채명나방의 애벌레가 크게 주목을 받는 것은 아무것도 먹지 않은 채 저온에서 상당 기간 생존할 수 있을 만큼 강한 생명력을 지닌 데다 가격도 매우 싸기 때문입니다. 번식 또한 쉬운 편입니다.

곤충이나 새를 비롯한 일부 동물들이 가끔 플라스틱을 먹는다는 건 오래전부터 알려진 사실입니다. 그러나 플라스틱을 먹어치울 뿐만 아니라 무해한 성분으로 분해해 다시 환경으로 돌려보낼 수 있다는 사실은 처음으로 발견된 것입니다.

지금까지의 연구는 시작 단계에 불과합니다. 꿀벌부채명나방 애벌레를 플라스틱 쓰레기 제거용으로 사용할 수 있는 방안을 찾으려면 플라스틱을 분해하는 애벌레의 효소를 규명하고 분리해내는 일이 관건입니다. 그래야만 그 효소를 대량생산하여 환경파괴의 주범인 플라스틱 폐기물을 친환경적으로, 그리고 산업적 규모로 처리할 수 있는 길이 열릴 것입니다.

플라스틱 먹는 꿀벌부채명나방 분해효소 찾았다 - 플라스틱 분해효소

2019년 5월 15일, 미국의 탐험가 빅터 베스코보는 태평양 마리아나 해구에서 가장 깊은 곳인 '챌린저 딥'의 해저 1만 927m까지 내려가 새로운 심해 탐사 기록을 세웠습니다. 1960년 미국 해군이 세운 기록보다 16m, 2012년 영화감독 제임스 캐머런의 잠수보다 11m나 더 깊은 곳입니다. 자신이 비용을 지불하여 만든 티타늄제 첨단 잠수정 '리미팅 팩터(Limiting Factor)'를 타고 4시간 동안 해구의 바닥을 탐사했습니다.

외신들은 그가 도달한 쾌거를 앞다퉈 보도했습니다. 세계 최고 해저 탐사 기록과 함께 심해의 엄청난 수압을 견디며 깜깜한 미지의 세계에서 베스코보가 발견한 것들을 전달했습니다. 하지만 놀랍게도 그가 심해에서 발견했다고 전한 것은 새롭게 발견된 4종의 심해 생물과 더불어 비닐봉지·사탕 포장지 같은 플라스틱 쓰레기였습니다. 인간이 남긴 쓰레기가 사람보다 앞서 심해에 진출한 것입니다.

사실 플라스틱 쓰레기 문제는 어제오늘 이야기가 아닙니다. 2017년 미국 캘리포니아대 롤랜드 게이어 교수팀이 분석한 자료에 따르면 1950년부터 2015년까지 인류가 만든 플라스틱의 총량은 89억t입니다. 이 중 2015년 당시 사용량은 26억t입니다. 결국 63억t이 쓸모를 다했다는 것인데, 이 많은 양은 어떻게 처리되었을까요?

플라스틱 먹을 때 장내서 특정 효소 발생

게이어 교수에 따르면 6억t은 재활용되고, 8억t은 소각되었으며, 79%에 해당하는 49억t은 매립되거나 버려졌습니다. 바다가 플라스틱 쓰레기로 몸살을 앓고 있는 이유입니다. 현재의 추세가 계속될 경우 2050년까지 매립되거나 버려질 플라스틱 누적 양은 330억t이 될 것으로 추정되고, 재질별로는 폴리에틸렌(PE)이 가장 많을 것이라고 합니다.

과학자들은 그동안 자연에서 생분해되는 최첨단 바이오플라스틱 소재의 개발이나 박테리아를 배양해서 플라스틱을 분해하는 해결 방안을 제시해왔습니다. 하지만 말 그대로 제안 수준에 그쳤습니다. 해외에선 미생물이나 곤충을 이용해 폐기물을 생분해시키는 연구들이 현재 진행 중입니다. 한편에선 플라스틱 사용을 줄이자는 릴레이 환경운동 '플라스틱 프리 챌린지'도 진행하고 있지만, 별반 효과가 없습니다.

지구의 마지막 1분

이런 가운데 그 실마리를 풀어줄 새로운 방법이 등장했습니다. 한국생명공학연구원 감염병연구센터 류충민 박사팀이 세계에서 처음으로 꿀벌부채명나방 애벌레의 효소가 플라스틱 주성분인 폴리에틸렌을 분해한다는 사실을 밝혀낸 것입니다. 폴리에틸렌은 가장 널리 쓰이면서도 가장 분해되기 어려운 플라스틱 중 하나입니다.

박사팀은 먼저 애벌레에게 밀랍과 플라스틱을 먹였을 때 장내 미생물이 모두 제거된 후에도 폴리에틸렌을 분해할 수 있는지에 집중했습니다. 기존 연구에서는 플라스틱이 꿀벌부채명나방의 장내 미생물에 의해 분해된다는 것이 정설이었습니다. 그 결과 장내 미생물을 제거한 애벌레에게서도 플라스틱의 긴 중합체 사슬이 쪼개진 것을 발견했습니다. 이는 장내 미생물이 없어도 애벌레의 특정 효소가 폴리에틸렌을 분해한다는 것을 의미합니다.

이후 연구팀은 울산과기대 박종화 박사팀과 함께 꿀벌부채명나방의 전체 유전자 지도를 만들었습니다. 그리고 애벌레의 분해 과정을 구체적으로 알아내기 위해 밀랍과 플라스틱을 먹었을 때 장내에서 발현되는 효소를 살폈는데, 에스테라제·리파아제·사이토크롬 P450 등이 그 역할을 하고 있었습니다. 이 효소를 대량으로 생산할 경우 골칫거리인 플라스틱 쓰레기 문제를 해결할 수 있다는 게 연구팀의 설명입니다. 연구팀의 연구 결과는 국제학술지 〈셀 리포트(Cell Reports)〉 온라인판에 실렸습니다.

🌡️ 효소 대량 배양 방법을 찾아라

사실 꿀벌부채명나방이 플라스틱 문제를 해결할 수 있다는 단초는 2017년 스페인 국립연구위원회의 페데리카 베르토치니 연구원이 처음 제공했습니다. 하지만 당시 연구원들은 꿀벌부채명나방의 애벌레가 플라스틱의 화학적 연결을 끊는 무언가를 분비하긴 하는데 그것이 어떤 물질인지 몰랐고, 다만 애벌레의 장내에 공생하는 세균에 그 물질이 들어있을 것으로 추정했을 뿐입니다. 따라서 다음 연구과제는 그 효소를 규명하고 분리해내는 것이었습니다. 그 일을 류충민 박사팀이 해낸 것입니다.

이제 남은 연구는 박사팀이 찾아낸 효소를 대량으로 배양하는 방법을 찾는 것입니다. 추가 연구를 통해 플라스틱의 역습에 대항할 수 있기를 기대합니다.

V
-
시원한 지구 만들기

에어컨 없이 여름 나기
- 울트라 화이트 페인트

　빛의 98.1%를 반사하는 '역사상 가장 흰 페인트'가 개발됐습니다. 일명 '울트라 화이트 페인트'입니다. 이 새로운 페인트로 건물을 칠할 경우 에어컨이 필요 없을 만큼 충분한 냉각 효과를 얻게 된다고 해 세계적 관심이 큽니다. 자동차든 건물 옥상이든 칠하기만 하면 주변보다 온도를 매우 낮춰준다니, 분명 지구온난화 억제에 도움이 될 가능성이 큽니다.

역대 가장 완벽한 흰색

　세상에서 가장 검은 물질은 밴타블랙(Vantablack)입니다. 가시광선의 99.965%를 흡수합니다. 탄소 나노튜브 기술을 이용해 만든 무광 블랙 페인트로, 우주의 블랙홀만큼이나 검게 보입니다. 기존의 검은색은 눈에 보이는 가시광선만을 흡수하는 데 비해 밴타블랙은 가시광선보다 파장이 긴 적외선까지 흡수합니다. 2014년 영국의 나노연구

기업에서 개발했습니다.

이렇게 검은색은 왜 필요할까요? 다양한 용도 때문입니다. 예를 들어 천체 관측을 하는 망원경에 적용하면 반사율을 0.04% 정도로 줄일 수 있어 희미한 빛의 별도 관찰할 수 있습니다. 군사무기 개발에도 쓰일 수 있습니다. 첩보 위성을 밴타블랙으로 칠하면 도포된 표면이 마치 검은 구멍 또는 검은 평면으로 보이게 돼 적의 눈에 띄지 않아 완벽한 첩보 수행이 가능하죠.

밴타블랙의 정반대 개념 물질이 바로 울트라 화이트 페인트입니다. 미국 퍼듀대 기계공학과 슈린 루안(Xiulin Ruan) 교수팀이 개발해낸 것으로 현존하는 하얀 페인트보다 더 흰, 가장 완벽한 흰색입니다. 지금도 흰색 페인트 종류가 많은데 굳이 울트라 화이트 페인트까지 만들어낸 이유는 뭘까요? 그 답은 빛의 반사율에 있습니다.

우리가 물체를 눈으로 확인할 수 있는 건 그 물체가 빛을 반사하기 때문입니다. 즉 우리 눈에 바나나가 노랗게 보이는 이유는 바나나의 표면이 노란색만 반사하고 나머지 색은 흡수하기 때문입니다. 흰색은 모든 빛을 반사하므로 하얗게 보입니다. 여름에 검정 옷을 입으면 덥게 느껴지고, 흰색을 입으면 더 시원한 느낌을 받는 것은 이 같은 빛의 반사와 흡수 작용에 있습니다.

울트라 화이트 페인트는 페인트 속의 황산바륨(BaSO_4)으로 인해 더욱 희게 보입니다. 더 정확하게 표현하면 황산바륨 입자의 크기가 고르지 않은 데 그 비밀이 있습니다. 각 입자가 빛을 산란시키는 정도는 크기에 따라 다른데, 입자 크기가 클수록 빛의 스펙트럼을 더욱 산란시킵니다. 연구팀은 빛의 효율적 산란과 자외선 흡수를 최소화하기 위해 입자 크기가 다양하고 농도가 높은 황산바륨을 사용했습니다. 그 결과 지금까지 개발된 것 중 가장 높은 빛 반사율을 나타냈습니다.

울트라 화이트 페인트는 햇빛 반사율을 높여 건물 내부의 온도를 내려줍니다.

그렇다면 일반 흰색 페인트와 울트라 화이트 페인트의 반사율 차이는 얼마나 될까요? 현재 시중에서 판매되는 흰색 페인트는 빛의 80~90%를 반사합니다. 이에 비해 울트라 화이트 페인트는 최대 98.1%의 빛을 반사하고, 적외선 열도 효율적으로 방출합니다. 반사율이 거의 100%에 가까운 이 페인트로 칠을 한다면 실제 온도가 떨어진다는 것이 연구팀의 실험 결과입니다.

지구의 마지막 1분

연구팀은 다양한 장소와 기상 조건에서 야외 테스트를 실시했습니다. 그 결과 새로운 페인트로 칠한 부분이 정오의 강한 햇빛 아래에서 주위보다 13.3℃ 낮았고, 밤에도 7.2℃ 낮은 상태를 유지했습니다. 이는 일반 건물에 필요한 에어컨 가동을 상쇄할 수 있는 상당한 양의 냉각 효과라는 게 연구팀의 설명입니다.

연구팀은 울트라 화이트 페인트를 개발하기 위해 100종류 이상의 소재를 연구했습니다. 그중 10가지를 골라 각 소재를 50가지 방법으로 실험한 끝에 황산바륨을 선정했습니다. 황산바륨은 사진 인화지와 의약품, 안료, 그리고 화장품을 하얗게 만드는 데 사용됩니다.

이보다 앞서 루안 교수팀은 2020년 10월 95.5%의 빛 반사율을 보이는 '슈퍼 화이트 페인트'를 개발한 바 있습니다. 이때 사용한 소재는 황산바륨이 아닌 탄산칼슘($CaCO_3$)이었습니다. 그런데 프랑스어로 '영원한 흰색(blanc fixe)'이라고 불리는 황산바륨이 이번에 탄산칼슘보다 2.6% 웃도는 반사율을 실현시킨 것입니다. 이들의 연구 결과는 미국 화학학회(ACS) 회보인 〈응용 재료와 계면(Applied Materials and Interfaces)〉 4월 15일 자에 실렸습니다.

노벨 물리학상 수상자(1997)인 미국의 스티븐 추(Steven Chu) 박사는 지구온난화를 막으려면 세계의 지붕을 하얗게 칠해야 할 것이라고 주장한 바 있습니다. 흰색 페인트로 칠한 지붕이 햇빛을 반사할 경우 태양광에 의한 지표의 가열을 줄여 냉방 가동률도 억제할 수 있다는 게 그 이유입니다.

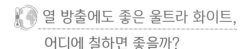

열 방출에도 좋은 울트라 화이트, 어디에 칠하면 좋을까?

루안 교수팀의 울트라 화이트 페인트의 특징은 빛 반사만이 아니라 적외선 열 방출 기능도 높다는 데 있습니다. 주변을 냉각하기 위해선 단순히 햇빛만 반사해서는 안 됩니다. 소재가 가진 열을 적외선 형태로 외부에 방출해야 합니다. 특히 대기에 흡수되지 않고 우주로 빠져나갈 수 있는 8~13㎛(마이크로미터·100만분의 1m)의 긴 파장이어야 냉각 효과가 큽니다. 연구진이 개발한 페인트는 8~13㎛ 적외선의 95% 이상을 방출했습니다. 에어컨의 경우 실외기 등에서 뿜어져 나오는 뜨거운 열기가 지구 표면에 남겨져 도시의 열섬현상과 지구 온난화를 가속합니다.

루안 교수는 만약 자신들이 개발한 울트라 화이트 페인트로 약 93㎡(약 28평)의 지붕을 칠한다면 10㎾ 상당의 냉각효과를 얻을 수 있을 것으로 추정합니다. 일반 가정에서 사용하는 에어컨보다 더 강력한 성능입니다. 또 도로나 옥상, 자동차 등 지구 표면의 0.5~1%를 이 페인트로 칠할 경우 지구온난화 현상을 역전시킬 수 있을 것이라고 말합니다. 햇빛이 반사되면 건물 내부의 온도도 내려가는 게 당연한 일이죠. 그 결과 에어컨 등의 냉방장치 사용이 줄어 전기에너지는 물론 오존층을 파괴하는 프레온가스의 방출도 줄일 수 있다는 것이 연구팀의 주장입니다.

울트라 화이트 페인트는 데이터센터, 자동차, 실외 전기장비 등 쓰임새가 다양할 것으로 보입니다. 페인트에 금속 성분이 없어서 전자 신호를 방해하지 않아 통신기기 냉각에도 적합합니다. 연구팀이 도료를 개발하기 위해 사용한 기술은 기존의 상업용 페인트를 제조하는 공정과 호환성이 있습니다. 따라서 상용화하기도 쉽습니다. 제조 비용도 기존의 페인트와 거의 동일하거나 더 낮을 수 있다고 루안 교수는 말합니다. 연구팀은 주요 제조사와 상용화를 논의하고 있습니다.

세계는 이미 도로나 건물의 색을 흰색으로 바꾸는 운동이 한창입니다. 기후가 더운 지역에서는 흰색의 건물이 자주 눈에 띕니다. 뉴욕은 최근 약 92만 9000㎡ 이상 면적의 건물 지붕을 흰색 페인트로 칠했습니다. 이제는 우리도 집 옥상을 울트라 화이트 페인트로 칠할 때입니다. 그것만으로도 소중한 지구를 지킬 수 있을 것입니다.

비트코인이 오르면 지구 기온도 오른다
- 전력 소비

2021년 4월 한때 비트코인 시세가 7800만 원대를 돌파한 적이 있습니다. 천정부지로 치솟는 가치 덕에 비트코인을 채굴하고자 하는 사람들이 늘어났고, 전 세계적 투자도 기하학적으로 증가했었지요. 아이러니하게도 친환경 자동차를 판매하는 테슬라의 최고경영자 (CEO) 일론 머스크 또한 15억 달러를 투자해 전례 없는 비트코인 열풍에 가세했습니다.

4차 산업혁명의 중심으로 부상하고 있는 블록체인, 그중에서도 비트코인에 대한 관심이 큰 가운데 한편에선 비트코인이 기후변화를 촉진하는 원인이라는 우려의 목소리가 높습니다. 머지않은 미래에 비트코인이 전 인류의 재앙이 될 수 있다는 경고까지 나오고 있습니다. 대체 비트코인과 기후변화에는 어떤 상관관계가 있을까요?

🌏 채굴 전력 기후변화 대책에 치명적

2021년 4월 7일 자 국제학술지 〈네이처 커뮤니케이션즈〉에는 중국의 비트코인 채굴로 인한 전력 소비와 이에 따른 이산화탄소의 배출이 지구온난화를 부추긴다는 내용이 실렸습니다. 중국과학원대 경제·경영학부, 중국과학원(CAS) 산하 수학·시스템과학원, 칭화대 지구시스템과학과, CAS 데이터예측과학센터, 미국 코넬대 경제학과·통계과학과, 영국 서리대 경영학부의 공동연구 결과입니다.

비트코인은 블록체인 기술을 활용한 가상화폐입니다. 블록체인의 기본 데이터 저장 단위인 '블록'을 생성하려면 컴퓨터 프로그램을 이용해 복잡하고 어려운 문제를 풀어야 하고, 수많은 계산과 검토 끝에 문제를 푸는 사람이 비트코인을 얻게 됩니다. 마치 광부가 광산에서 곡괭이질을 거듭한 끝에 금을 캐내는 것과 비슷합니다. 그래서 사람들은 비트코인 얻는 과정을 '비트코인 채굴'이라고 부릅니다.

우리가 사용하는 실물화폐는 국가가 마음대로 찍어 낼 수 없습니다. 그런 것처럼 2009년에 시작된 비트코인도 총 2100만 개까지만 채굴하도록 제한되어 있습니다. 따라서 시간이 지날수록 채굴량이 떨어집니다. 4년마다 비트코인 한 블록당 채굴량이 절반으로 떨어지게 되어 있습니다.

채굴 가능한 비트코인이 점점 줄어들면 어떤 현상이 나타날까요? 갈수록 암호 해독이 어려워져 점점 더 많은 컴퓨터의 연산능력이 필요하고, 이를 위해 높은 사양의 컴퓨터와 그래픽카드를 동원해야 해 어마어마한 전력이 소모됩니다. 블록체인 전문 통계 사이트인 '블록 체인닷컴'에 따르면 비트코인 채굴에 사용된 컴퓨터 용량이 2017년 대비 10배 이상 증가하고 있습니다.

공동연구팀은 최대 채굴 시장인 중국에서 얼마나 많은 전력을 소비하는지 알아내기 위해 '모의 탄소배출 모델'을 이용해 계산했습니다. 그리고 그에 따른 이산화탄소 배출량도 추산했죠. 그 결과 2024년까지 중국에서만 소비되는 전력량이 296.59TWh(테라와트시)에 이르고, 1억 3050만t의 이산화탄소를 배출할 것으로 예상됐습니다. 이는 이탈리아, 사우디아라비아에서 1년간 사용하는 전체 전력량을 뛰어넘는 양이고, 이산화탄소 배출량도 네덜란드와 스페인, 체코, 카타르 등의 연간 온실가스 배출량을 웃돕니다.

이 같은 결과는 2030년까지 실질적 탄소 배출량을 제로로 만들려는 중국의 기후변화 대응책에 악영향을 줄 수 있다고 미국 CNBC 방송은 경고했습니다. 2020년 시진핑 중국 국가주석은 중국의 탄소 발생이 2030년 고점을 찍고, 2060년에는 탄소 중립에 도달할 것이라고 밝힌 바 있습니다.

비트코인은 금융 역사에서 매우 드물게 일본, 중국, 한국, 베트남 등 아시아인들의 성장을 견인했습니다. 특히 전 세계 비트코인 채굴장의 약 70%가 중국에 집중되어 있을 만큼 중국은 비트코인 채굴의 성지로 알려졌습니다. 고성능 장비를 만드는 데 필요한 전문 하드

웨어 업체가 많고 전기료가 저렴해 유지비용이 적게 들기 때문입니다.

문제는 수많은 비트코인 채굴 장비에 공급되는 중국의 값싼 전기가 대부분 석탄 연료에 의존하고 있다는 것입니다. 상대적으로 생산 단가가 낮은 화력발전으로 전기를 만들기에 비트코인 채굴로 인한 전력 소비 증가는 이산화탄소 배출 증가로 이어지게 됩니다. 이로 인해 우리나라로 날아드는 중국의 미세먼지 또한 많아지게 되는 구조입니다.

연구를 주도한 왕소우양 중국과학원대 특훈교수는 비트코인 거래와 채굴이 친환경으로 도약하려면 화석연료 중심이 아닌 재생에너지 중심의 에너지 생산 구조를 구축해야 한다고 말합니다. 녹색전기가 보편화되지 않는 한 결국 화력발전을 이용할 수밖에 없기 때문에 지구온난화를 억제하려는 인류의 노력에 차질을 빚을 수 있다는 것입니다. 따라서 가상화폐 채굴장에 대한 중국 정부의 엄격한 규제와 정책 대응이 가장 시급하다고 그는 경고하고 있습니다.

🌏 전기에 굶주린 가상화폐

그렇다면 비트코인을 채굴하는 데 사용되는 전 세계의 전력량은 얼마나 될까요? 영국 케임브리지대의 '비트코인 전력소모 인덱스'에 따르면, 2021년 4월 7일 오전 기준 현재 시간당 약 15.68GW(기가와트)의 전력이 소비되고 있고, 연간 전력소비량은 136.84TWh에 이를

| 비트코인 채굴에 쓰이는 많은 전력이 지구온난화를 일으킵니다.

전망입니다. 비트코인이 '전기 먹는 하마'인 셈입니다.

한편 비트코인 채굴로 발생하는 전 세계 이산화탄소의 연간 배출량은 약 40Mt(메가톤)입니다. 이 수치는 관광과 도박의 도시인 미국 라스베이거스나 독일의 최대 항구도시 함부르크의 연간 배출량과 비슷한 수준입니다. 이로 인해 남태평양의 섬나라 투발루가 물에 잠기는 시간표가 앞당겨지고 수많은 숲이 사라지고 있다고 해도 과언이 아닙니다.

저서 《빈곤의 종말》로 유명한 미국의 경제학자 제프리 삭스는 비트코인은 해로울 뿐만 아니라 범죄라고까지 강변했습니다. 또 누구보다 먼저 비트코인의 잠재성을 인정했던 마이크로소프트 창업자 빌 게이츠도 2021년 3월 9일(현지시각) '뉴욕타임스'와의 인터뷰에서 "비트코인은 지금까지 인류에게 알려진 다른 어떤 방법보다 거래당 전기 사용이 많아 기후변화에 악영향을 끼친다"고 우려를 표명했습니다.

이보다 앞서 2018년 10월 미국 하와이대 연구팀은 '비트코인 채굴 때문에 늘어나는 이산화탄소 배출량이 지구온난화를 가속해 30년 내에 지구 온도가 2℃ 정도 오를 수 있다'는 분석을 국제학술지 〈네이처〉에 게재했습니다. 연구팀은 비트코인을 '전기에 굶주린 가상화폐'라고 표현하며 이후로도 비트코인이 기후변화를 앞당길 수 있다는 지적을 꾸준히 제기해왔습니다.

그러나 세계 국가들이 다양한 이유로 비트코인을 반대하고 인정하지 않아도 비트코인에 대한 관심과 투자는 여전합니다. 따라서 앞으로 더욱 늘어날 가상화폐 시장과 산업 성장 등 인류의 지속 가능한 발전을 위해서는 이산화탄소의 배출 관리와 모니터링이 반드시 필요합니다.

하늘에 탄산칼슘을 뿌리면 정말 시원해질까?
- 태양광 차단 아이디어

지구온난화에 맞서 지구 온도를 떨어뜨리는 혁신적 실험을 계획하고 있는 과학자들이 있습니다. 미국 하버드대 응용물리학과 데이비드 키스(David Keith) 교수팀이 그 주인공입니다. 인체에 무해한 방해석(탄산칼슘)을 공중에 뿌려 햇빛을 막으려는 게 그들의 계획입니다. 이들이 하려는 실험은 대체 어떤 기술일까요? 그리고 그것은 실행 가능할까요?

🌡️🌍 태양 가리는 첫 실험 시작

2019년 3월 11일, 국제학술지 〈네이처〉는 지금 상승하고 있는 지구 온도의 절반만 억제해도 지구의 0.4%만 기후변화를 겪을 것이라는 키스 교수팀의 연구 결과를 실었습니다. 그와 함께 키스 교수팀과 국립해양대기관리청(NOAA)이 상반기쯤 세계 최초로 실제 지구 환경에서 소규모 '지구공학(Geoengineering)' 검증 실험을 진행한다고 밝혔습니다.

지구공학은 지구 생태계나 기후순환 시스템을 물리적·화학적 방법을 통해 의도적으로 조작하는 기술입니다. 이를테면 햇빛을 가려 지구 온도를 낮춘다거나, 이산화탄소를 대량 포집해 온실가스를 없애는 등의 기술입니다. 현재 지구공학의 최우선 해결 과제는 햇빛을 인위적으로 차단해 지구 온도를 낮추는 것입니다. 바꿔 말하면 지구가 태양빛을 반사하는 비율을 높여 온난화와 온실가스 효과를 반감시키는 방안입니다.

2018년 지구 평균기온은 관측 이래 네 번째로 뜨거웠습니다. 그런데 그해에만 '반짝' 더웠던 게 아니라, 장기적인 추세에서 볼 때 지구 평균기온이 점차 높아지고 있습니다. 세계기상기구(WMO)에 따르면 1750년 산업화 이전보다 지구 평균 온도가 약 1℃ 높아진 상태입니다. 이대로라면 지구 평균 온도가 2100년까지 0.5℃ 이상(산업화 이전 대비 온도 상승 1.5℃) 오르지 않도록 온실가스 배출량을 줄이자는 '파리기후협정' 목표 달성도 비관적입니다. 2017년 기준 지구 전체의 이산화탄소 연평균 농도 또한 403ppm으로 역대 최고치를 경신했습니다. 산업화 이전에 비해 무려 45% 높아진 수치입니다.

전문가들은 온실가스 배출량을 줄이는 기존의 방법으로는 도저히 지구 기후를 이전 상태로 되돌릴 수 없다고 판단합니다. 그런 노력만으로 지구온난화 속도를 따라잡기에는 역부족이라는 것입니다. 그렇다면 지구 환경과 기후를 제어할 수 있는 기술은 없는 것일까요? 이러한 절박함 속에서 등장한 기술이 바로 '지구공학'입니다.

화산 폭발 효과에서 착안

연구팀의 지구공학 아이디어는 과거 '화산 폭발 효과'에서 착안한 것입니다. 기후 전문가들은 공룡의 대멸종을 이끈 빙하기는 화산 폭발로 인한 화산재가 하늘을 뒤덮어 햇빛을 차단하면서 온도가 떨어져 도래한 것이라고 주장합니다. 또 실제로 1991년 필리핀의 피나투보 화산 폭발 당시 약 2000만t의 이산화황이 성층권으로 분출돼 햇빛을 10%나 가렸는데, 그로 인해 3년간 냉각 효과가 지속되면서 지구 평균기온이 0.5℃ 떨어진 것으로 나타났습니다. 연구팀의 실험은 이와 일맥상통합니다.

지구공학은 기후변화를 막을 대안으로 급부상 중입니다. 온실기체 배출을 줄이거나 제거하는 방법에 비해 변화가 빠르고, 상대적으로 비용도 적게 들기 때문입니다. 기후변화로 발생하는 자연재해 피해액의 100분의 1의 비용이면 기후변화를 막을 수 있다고 합니다. 또 탄산칼슘은 오존층에 거의 영향을 주지 않는다는 게 키스 교수의 설명입니다. 반면 화학 용액으로 주변 공기에서 직접 이산화탄소를 흡수하는 이산화탄소 포집 제거 지구공학 기술은 최근까지도 가장 값비싼 방식으로 평가되고 있습니다.

지구공학에 대한 우려의 목소리도 만만찮습니다. 기후시스템을 명확히 이해하지 못하고 있는 상황에서 갑자기 햇빛을 인위적으로 차단할 경우, 특정 지역에 한해 국지적 실험을 한다 해도 지구 전체의 기후시스템에 부작용을 몰고 올 수 있다는 게 이유입니다.

가령 장기적으로 일사량이 줄 경우 지구의 물 순환 패턴이 바뀌면서 강수량이 불균형해져 곳곳에 기상이변이 나타날 수 있다는 우려입니다. 우리가 전혀 생각지도 못한 방향으로 기후가 바뀌는 일을 경험할 수 있다는 것입니다. 소위 말하는 나비효과입니다.

실제 필리핀 피나투보 화산 폭발 당시의 사례도 이 같은 우려를 입증하고 있습니다. 당시 화산이 폭발했을 때 지구의 온도는 떨어졌지만 이듬해 남아프리카는 20%, 남아시아 지역은 15%가량 강우량이 줄었습니다. UN에 따르면 이 대가뭄으로 인해 1억 2000만 명이 영향을 받았다고 합니다. 그렇기에 국제적으로 지구공학을 관리할 규제안을 마련하자는 목소리가 높습니다.

이에 대한 답을 찾기 위해 키스 교수팀은 컴퓨터 시뮬레이션을 통해 지구공학의 부작용도 없고 기후변화도 일어나지 않는 방법을 처음 계산해봤습니다. 지구공학의 잠재적 가능성에 대해 광범위하게 연구한 것입니다. 그 결과 놀라운 사실이 나타났습니다. 탄산칼슘을 성층권에 뿌려 햇빛을 차단하는 방식으로 온도 상승을 절반 수준으로 억제하면 강수량의 불균형을 없애면서도 허리케인의 강도 또한 85% 이상 상쇄할 수 있다는 것입니다.

한발 더 나아가 미국 하버드대 프랭크 코이치 교수팀은 실제로 이를 검증해보려 했습니다. 2021년 6월 스웨덴에서 탄산칼슘 입자

600㎏을 실은 실험용 풍선을 성층권에 띄워 적게는 100g부터 많게는 2㎏까지 살포해봤습니다. 이를 통해 실제로 에어로졸의 햇빛 막는 효과를 직접 확인할 계획이었습니다. 하지만 '에어로졸이 일으키는 냉각 효과가 균등하게 나타나지 않으면 생태계에 악영향을 줄 수 있다'며 스웨덴 환경단체와 지역주민 등이 반대해 실험이 취소되었습니다.

키스 교수뿐 아니라 많은 과학자들도 수년 전부터 '기후변화에 대응하는 마지막 수단'으로 지구공학을 꼽아왔습니다. 1970년대에 지구온난화라는 용어를 처음 사용한 미국의 기후학자 월리스 브로커 박사(Wallace Broecker · 2019년 2월 작고) 역시 말년에 이산화탄소 포집 등 부작용이 적은 방식의 지구공학에 관심을 쏟아왔습니다.

수년 전까지만 해도 '신에 대한 도전'으로 비난받았던 지구공학. 전문가들의 다양한 연구와 검증을 거치고 나면 기후변화를 저지할 수 있는 현실적 옵션(선택)이 우리 손에 쥐어질지 지켜볼 일입니다.

왜 우주에 태양광발전소를 지을까?
- 우주 생산 전기

지상이 아닌 대기권 밖에서 에너지를 얻는 '우주 태양광발전(Space Solar Power)'이 세계 각국에서 차근차근 진행되고 있습니다. 50년간 머릿속으로만 존재하던 이 기발한 계획은 지구촌의 에너지 문제를 해결할 새로운 기술입니다. 그동안의 우주정거장 건설 등으로 쌓은 기술을 이용해 우주 태양광발전 건설이 활기차게 추진 중입니다.

'우주 태양광발전'은 말 그대로 지구의 정지궤도나 달과 같은 우주 공간에 발전소(위성)를 띄워 햇빛을 전기로 바꾸는 것입니다. 우주 공간에 쏘아 올리는 인공위성에 거대한 태양전지 패널을 달아 전기를 생산하고, 우주에서 만든 전력을 지구로 보내는 방법입니다.

지상보다 우주가 효율 10배

왜 굳이 우주까지 나가 태양광발전을 하려는 것일까요? 이유는 땅 위에서보다 훨씬 많은 전력을 생산할 수 있기 때문입니다. 지상

태양광발전은 효율이 낮습니다. 그 걸림돌 중 하나가 대기입니다. 이를테면 우주에서 1㎡당 1360W의 태양광을 받지만 지상에 도달하기 전 30% 정도가 반사되고, 투과된 태양광도 대기·구름·먼지 등이 가로막아 지표면 1㎡에 도달하는 에너지는 300W를 넘지 않습니다. 또 지상 태양광발전은 부지 확보 등 한계가 있습니다.

반면 우주의 경우는 다릅니다. 날씨와 상관없이 24시간 발전할 수 있으니 항상 일정한 전력공급을 확보할 수 있습니다. 대기층이 없기 때문에 내리쬐는 태양에너지를 그대로 받을 수 있습니다. 우주에서는 같은 태양전지판으로 지상보다 최대 10배 가까운 전력을 생산할 수 있다는 게 전문가들의 설명입니다. 중국 공정원 충칭대의 양스중 교수에 따르면 1㎡ 크기의 태양전지를 예로 들었을 때 지상에서는 0.4㎾ 정도의 효율을 보이는 반면 성층권의 경우 7~8㎾, 지구 표면과 3만 6000㎞ 떨어진 정지궤도에서는 10~14㎾ 정도의 효율을 보입니다. 더구나 우주 태양광발전으로 얻는 전력은 청정에너지입니다. 이러니 세계 주요 국가가 우주 태양광발전에 사활을 거는 거겠죠.

그런데 전선도 없는 먼 우주에서 지구까지 어떻게 전기를 보낼 수 있을까요? 아무리 막대한 양의 전기에너지를 우주에서 생산한다고 하더라도 이를 소비처로 옮길 수 없다면 그것은 무용지물이지 않을까요? 이 고민의 해결사로 등장한 것이 바로 전력을 전파에 실어 보내는 장거리용 '무선 전력 전송' 기술입니다. 그 방법은 태양광을 받아 생산한 직류 전력을 마이크로파로 변환해 지구로 보내면 지상에 설치된 수신장치, 즉 접시 모양의 안테나가 이를 받아 다시 교류 전기로 바꾸는 것입니다. 인공위성이 지구 궤도를 돌며 태양광을 축적하고, 해당 전력을 무선을 통해 지상으로 보내는 아이디어입니다.

이때 여러 종류의 전파 중 마이크로파(파장 3~30㎝)를 쓰는 이유는 마이크로파가 극초단파라서 직진하려는 성질이 있고 대기의 저항이 없기 때문입니다. 따라서 대기권의 비나 구름으로 방해를 받아 줄어드는 일이 드물어 전력을 지상으로 100% 전송하는 데 알맞습니다. 물론 마이크로파가 지구의 성층권이나 전리층, 지상의 생태계나 사람에게 어떤 나쁜 영향을 미치는지는 아직 충분한 연구가 이루어지지 않은 상태입니다. 마이크로파는 지상에서 전자레인지 등에 쓰이는 파장입니다.

이미 인류는 우주 태양광발전에 필요한 기술을 웬만큼 보유하고 있습니다. 발사체와 인공위성, 태양광 패널 기술은 수십 년 전부터 기반이 닦였습니다. 현재도 우주정거장이나 대부분의 인공위성은 자체 태양광발전 시설(날개의 집광판)로 생산한 전력을 에너지로 사용합니다.

우주 생산 전기를 마이크로파로 보내

실제로 우주 태양광발전의 유용성을 꿰뚫어 본 선진국들이 기술 개발에 집중하고 있습니다. 우주 태양광발전 건설을 가장 먼저 추진한 나라는 미국입니다. 1968년 피터 글래서(Peter Glaser) 박사가 우주 태양광발전 개념을 처음 제안했고, 1979년 NASA가 무려 5GW(기가와트) 발전량을 생산할 수 있는 건설 계획을 내놓았습니다. 1GW는 원자력발전소 1기의 전력 생산량에 해당합니다. 하지만 당시 경제성이 없다는 이유로 보류되었습니다.

그러다 30여 년이 지난 1999년 프로젝트가 재개됐습니다. 프로젝트에 힘이 실린 건 2007년. 미국 국방부 산하 국가안보우주청이 '우주 태양광발전에 기술적 문제는 없다'는 내용의 보고서를 발표했기 때문입니다. 이후 미국은 정지궤도에 길이 약 3km 크기의 태양 전지판을 펼쳐 태양광발전을 하고 마이크로파를 이용해 지구로 보낸다는 구체적인 계획을 세웠습니다.

최근에는 민간 차원에서 2025년을 목표로 우주 태양광발전 상용화를 추진하고 있습니다. 에너지 벤처기업 '솔라렌'이 정지궤도에 위성을 띄워 전력을 생산하면 미국 에너지기업 PG&E가 200MW(메가와트)의 전력을 공급받기로 2014년 합의했습니다. 200MW는 약 15만 가구에 전기를 공급할 수 있는 어마어마한 전력입니다. 이렇게 정부와 기업의 적극적인 참여로 미국은 한 발짝 먼저 우주 태양광발전 사업을 이끌고 있습니다.

현재 우주 태양광발전에 가장 적극적인 관심을 기울이는 나라는 일본입니다. 일본우주항공연구개발기구(JAXA)는 1980년대부터 태양 전지를 잔뜩 붙인 인공위성을 띄우려는 계획을 추진해왔습니다. 지금은 2030년쯤 1GW급 상업용 우주 태양광발전을 쏜다는 야심 찬 계획을 세워놓고 있습니다.

지구의 마지막 1분

중국 또한 막대한 예산을 쏟으며 관련 기술 확보에 나서고 있습니다. 중국이 구상하는 우주 태양광발전도 1GW급의 상업용으로, 이를 2030년대부터 2050년 사이 정지궤도에 쏘아 올려 운영하는 것이 목표입니다. 중국 충칭시에는 우주 발전소를 건설하기 위한 시뮬레이션 기지가 건설되어 있습니다.

우리나라도 우주 태양광발전에 나서기 시작했습니다. 아직 구상 단계 계획안이지만 한국항공우주연구원이 밝힌 우주 발전소 규모는 여의도 면적(2.9㎢)의 약 4배인 가로 5.6㎞, 세로 2㎞의 크기입니다. 이를 위해 2029년까지 2대의 소형 태양광발전 위성을 발사해 발전 기능과 전력 전송기술을 점검하는 게 목표입니다.

우주 태양광발전 건설에는 난관이 적지 않습니다. 자체 소비전력만 생산하는 인공위성과 달리 그 규모가 상상을 초월합니다. 각국에서 제안하는 1GW급의 우주 태양광발전 패널 길이만 10㎞가 넘습니다. 이런 거대 구조물을 우주 궤도에 올리는 데는 막대한 비용이 들어갑니다. 또 우주 쓰레기 등 우주를 돌아다니는 거대한 물체들에 파손될 위험도 큽니다. 전문가들은 이런 단점들이 적어도 20~30년 안에는 보완돼 우주 발전소가 건설될 수 있을 것으로 보고 있습니다. 만일 성공한다면 화석연료를 대체하는 무한 청정에너지 보급의 고속도로가 될 것입니다.

지구온난화 해결사로 주목받는 수염고래
- 수염고래 배설물 속 철분

보통 사람이라면 냄새만 맡고도 십 리 밖으로 도망갈 고래의 똥을 찾아 망망대해를 헤매는 사람들이 있습니다. '고래 배설물 연구원' 들입니다. 이들이 배설물에 집착하는 것은 고래를 직접 잡지 않아도 이를 통해 고래의 유전적 특징을 비롯해 생물 독소치 측정 등 놀라울 만큼 많은 정보를 얻을 수 있기 때문입니다.

호주의 해양 생물학자 스티븐 니콜(Stephen Nicol) 박사도 그중 한 명입니다. 남극 환경 등을 연구하는 호주 정부 산하 연구기관(Australian Antarctic Division) 소속인 그는 〈어류와 어업(Fish and Fisheries)〉 저널에 고래의 배설물에 대한 놀라운 내용을 발표했습니다. 고래의 '똥'이 뜨거운 지구를 식히며 지구온난화 방지에 일조한다는 것입니다. 고래의 배설물이 지구온난화를 막아준다니, 대체 무슨 뚱딴지같은 소리일까요?

182

🌏 수염고래는 '철' 보물창고

니콜 박사가 주장하는 이론의 핵심은 고래의 배설물 속 철에 있습니다. 니콜 박사팀은 연구를 통해 고래의 똥에 철이 상당히 많다는 사실을 알아냈습니다. 그들이 연구한 대상은 남극 바다에 사는 4종의 수염고래류 27마리인데요. 이들의 똥을 채취해 분석한 후 똑같은 양의 바닷물과 비교해 보니 고래 쪽에 1000배쯤 많은 철이 포함돼 있었습니다. 이렇게 엄청난 양의 철이 고래 배설물에 있다는 것은 처음 알려진 사실입니다. 이전까지는 누구도 짐작조차 하지 못했습니다. 고래가 몸속에서 철을 자체적으로 생산하는지는 아직 모릅니다. 그렇다면 철은 또 지구온난화와 어떤 연관성이 있단 말일까요?

철은 바다의 식물성 플랑크톤이 성장하는 데 결정적 영향을 미치는 성분입니다. 플랑크톤은 바닷물에 포함된 철분을 먹고 자랍니다. 플랑크톤이 늘면 먹이사슬에 의해 크릴과 작은 물고기에서 펭귄, 고래까지 번성합니다. 따라서 고래 똥이 바다로 보내는 철이 줄면 해양 생태계가 망가진다고 니콜 박사는 말합니다. 영양분이 아무리 충분할지라도 철이 부족해 플랑크톤이 많이 자라지 못하면 바다는 '사막'으로 변합니다. 이러한 사실은 1930년대 영국의 생물학자 조셉 하트의 연구로 이미 밝혀졌는데, 바닷속 플랑크톤이 자라지 못하는 가장 큰 이유가 철 결핍에 있다는 것이 그의 주장이었습니다.

고래 똥의 철은 이산화탄소 흡수에도 도움을 줍니다. 식물성 플랑크톤은 광합성을 통해 이산화탄소를 흡수해 가둡니다. 플랑크톤의 몸이 이산화탄소 저장고가 되는 셈입니다. 이러한 플랑크톤이 죽으면 깊은 바다 밑으로 가라앉아 수백 년간 탄소를 격리하는 효과가 생깁니다. 전 세계 바다는 이런 과정을 통해 매년 인간이 배출한 탄소의 30%를 흡수하고 있죠. 고래 똥의 철분이 줄어들면 플랑크톤이 제대로 자라지 못해 탄소 흡수도 감소한다고 볼 수 있습니다.

그런데 바다에는 철 성분이 늘 부족합니다. 전문가들은 인공적으로 바다에 철가루를 뿌려 식물성 플랑크톤을 대량 증식할 수 있다면, 이들이 공기 중의 이산화탄소를 흡수함으로써 지구온난화에 큰 도움을 줄 수 있다고 생각입니다.

철이 이산화탄소 흡수

바다에 철만 뿌리면 되는 이 간단한 방법은 그래서 지구온난화의 해결책으로 일찍부터 주목받았습니다. 지난 1988년 미국 우즈홀 해양학연구소에서 열린 환경 심포지엄에서 발표자로 나선 모스 랜딩 해양연구소의 존 마틴 소장은 "유조선 반 척분의 철가루만 있다면 온난화로 고통받는 지구를 빙하시대로 되돌릴 수도 있다"고 주장했습니다. 지구온난화와 철가루의 상관관계가 명확하지 않은 상황에서 당시 그의 발언은 다소 충격적이기까지 했습니다. 하지만 저명한 해양학자인 마틴 소장의 주장은 당시에도 상당한 과학적 근거를 토대로 하고 있었습니다. 지구 생태계의 구성물 중 지구온난화의 주범인 이산화탄소를 가장 많이 흡수·저장하고 있는 생명체가 바로 식물이라는 점, 그리고 육지의 식물 못지않게 풍부한 바다의 식물성 플랑크톤이 성장하려면 질소나 인과 같은 영양소에 더해 철 성분이 반드시 필요하다는 점 등이 그것입니다.

철이 이산화탄소를 흡수한다는 사실은 화산 폭발로도 확인되었습니다. 1991년 필리핀 피나투보 화산 폭발로 철 먼지 4만 t 정도가 전 세계 바다에 떨어진 적이 있습니다. 당시 환경과학자 앤드루 왓

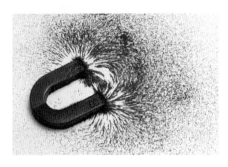

철가루가 이산화탄소를 흡수한다는 놀라운 사실이 알려졌습니다.

슨 박사가 철 먼지로 인한 변화를 분석한 결과 대기 중의 이산화탄소 양이 떨어지고 산소의 수치가 확 올라간 것으로 나타났습니다.

마틴 소장은 1993년 사망하기까지 '철가루로 지구온난화를 막을 수 있다'는 자신의 이론을 입증할 기회를 잡지 못했습니다. 역사에 묻힐 뻔했던 이 혁명적 주장이 다시 빛을 보게 된 것은 2007년. 미국 샌프란시스코의 환경기업 플랑크토스가 탄소배출권 확보를 위해 이 이론의 입증에 나선 것입니다. 실제 이 회사는 바다에 총 6차례의 철가루를 살포해 플랑크톤의 변화를 추적해왔습니다. 이 회사 말고도 플랑크톤을 늘리기 위해 바다에 철가루를 살포한 실험은 세계

적으로 모두 12건이나 있었습니다.

 수염고래를 늘려라!

그동안의 철가루 살포 실험에서 나타난 철가루와 플랑크톤과의 상관관계는 확실했습니다. 갈라파고스제도 인근 해역처럼 질소·인 등이 풍부한 해역에 황산철을 뿌리자 일주일 만에 식물성 플랑크톤의 양이 3배, 번식력은 4배로 증가했고 바다 표면 위 공기층의 이산화탄소 농도가 줄어드는 놀라운 결과를 얻었습니다. 2009년 독일·인도·프랑스·이탈리아·스페인·칠레 등의 과학자들이 모여 남극해에 철가루를 뿌린 '로하펙스 프로젝트'에서도 마찬가지였습니다. 당시 300㎢의 바다에 철가루 6t을 뿌린 결과, 해조류 등 식물성 플랑크톤이 폭발적으로 성장했습니다. 철가루 효과가 입증된 것입니다.

하지만 그동안의 철가루 살포 실험을 둘러싸고는 '생태계 무해성이 입증되지 않은 상태에서 바다에 인공적으로 철가루를 뿌리는 것은 옳지 않다'는 환경론자들의 반대도 만만치 않았습니다. 바다에 인공적으로 투입한 철가루가 플랑크톤의 성장을 촉진시키는 것은 분명하지만, 동시에 생물의 신경계를 손상시키는 독성 물질도 증가시킨다는 연구 결과가 나와 철가루 살포 실험이 난관에 부딪히기도 했습니다.

이런 상황에서 고래 수를 늘리면 인공적이 아닌 자연산 철분을 바다에 투입할 수 있다는 니콜 박사팀의 연구는 희소식이 아닐 수 없습니다. 니콜 박사팀은 상업적 목적으로 고래잡이가 허용되면서부터 바닷물의 철분이 많이 줄어들었다는 사실도 알아냈습니다. 이전 고래 수가 많았을 때는 남대서양 바닷물의 철분 중 12%가 수염고래의 똥에서 방출됐다는 게 니콜 박사의 설명입니다. 결국 고래잡이로 고래의 수가 줄어들면서 바다의 이산화탄소 포획 능력까지 감소시킨 셈입니다.

이제 수염고래의 개체 수를 늘려 대기 중의 이산화탄소를 좀 더 많이 바다에 가둘 일만 남았습니다. 그야말로 친환경적 지구온난화 방지책입니다. 고래의 자연적 철분 방출이 '이산화탄소 포획의 한 축'을 이룰 날을 기대해 봅시다.

VI
–
멸종위기에 처한 인류

지구촌 출생률 위기의 주범은 정자!
- 인구 감소

지구촌의 출생률이 점점 떨어지고 있습니다. 아프리카 대륙 국가들은 지금도 높은 출생률을 보이지만, 서유럽 등의 선진국들은 계속 출생률이 낮아지고 있습니다. 미국도 1920년대 이래 가장 낮은 출생률을 기록하면서 인구 감소를 걱정하는 것이 솔직한 현실입니다.

유엔(UN)이 추계한 세계의 합계출생률도 이를 증명합니다. 2015~2020년까지 5년간 지구촌 201개국 평균 합계출생률은 2.47명에 불과했습니다. 1970~1975년의 4.47명과 비교하면 44.8%나 감소한 것입니다. 대륙별로 봤을 때 5년간 가장 높은 합계출생률을 보인 곳은 4.44명의 아프리카 대륙이고, 유럽 대륙이 1.61명으로 가장 낮았습니다.

우리나라는 어떨까요? 2015~2020년 한국의 평균 합계출생률은 1.11명으로, 아시아에서 출생률이 저조하다는 대만(1.15명)이나 싱가포르(1.21명), 마카오(1.20명)보다도 낮습니다. 심지어 2018년 한 해만

놓고 보면 합계출생률이 0.98명으로, 세계에서 0명대 출생률을 기록한 유일한 나라였습니다. 출생률 저하가 매우 심각한 수준임을 알 수 있습니다.

합계출생률이란 여성 한 명이 가임기간(15~49세) 중 낳는 자녀의 평균 숫자입니다. 남성은 아이를 낳을 수 없기 때문에 이 기간 여성 1명이 1명의 아이를 낳는다면 인구는 반으로 줄어드는 셈입니다. 또 아이가 태어나도 질병이나 사고로 임신 가능 연령 전에 사망할 수 있습니다. 따라서 합계출생률은 2.1명이 되어야만 간신히 개체군의 숫자, 즉 인구가 줄어들지 않고 유지될 수 있다는 게 과학자들의 설명입니다. 하지만 지금 세계에서 인구 대체 수준인 2.1명을 밑도는 나라가 91개국이나 됩니다. 곧 전 세계가 이 기준치 이하로 밑돌 날이 올 것이라는 전망도 나옵니다.

🌡️🌐 남성 불임의 가장 큰 원인은 정자 감소

지구촌의 출생률이 낮아지는 이유는 뭘까요? 사회학자 벤 워턴버그에 따르면 여성의 학력 수준 향상과 사회 변화에 따른 만혼 추세, 결혼과 출산의 기피, 초혼 연령의 고령화 등 여러 요인이 복합적으로 작용한 결과입니다. 1984년 이래 세계의 출산 연령은 점점 높아지고 있습니다.

한편 과학적으로도 낮은 출생률은 꽤 골치 아픈 현상입니다. 난임과 불임 환자가 늘고 있기 때문입니다. 과거에는 '여성의 문제'로 난임과 불임이 발생한다는 인식이 컸습니다. 여성의 난자 생산이 제한적이고, 폐경이 되면 출산할 수 없다는 이유에서입니다. 하지만 의학계는 남녀에게 절반씩 그 원인이 있다고 봅니다. 최근의 전 세계 임상연구에 따르면 남성으로 인한 원인이 40%, 여성 원인이 40%, 부부 모두의 원인이 10%, 그리고 그 외 원인불명이 10%를 차지합니다. 특히 요즘은 '남성 불임'이 두드러지게 나타나고 있습니다.

남성 불임은 대체로 정자의 이상에서 비롯됩니다. 정액 속에 정자가 없는 '무정자증'이거나 정자 수가 정상보다 적은 '정자 감소증'이 그것입니다. 정자 감소증의 원인으로 임신하지 못하는 부부는 전체 불임부부의 35%나 됩니다. 보통 난자 1개의 수정에 필요한 정자 수는 정액 1mL 기준으로 2000만 마리입니다. 남자가 한 번 사정하는 정액은 평균 3mL이므로 정자 수가 최소한 6000만 마리일 때 불임이 되지 않습니다. 정상적인 남자가 한 번 사정할 때 분출하는 정액에는 2억~5억 개의 정자가 들어있습니다.

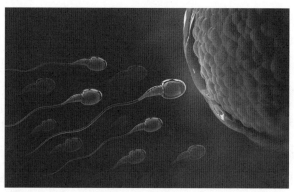

| 정자 수가 감소하는 추세에서 남성 불임이 늘고 있습니다.

정자의 운동성이나 모양이 비정상적인 경우에도 수정이 불가능합니다. 정자는 질 안으로 들어간 후 운동을 활발하게 하여 그 힘으로 난자에 도달해야 하는데, 정자가 기형으로 생겼거나 활동 정자의 비율이 떨어져 운동성이 미약해지면(정자 무력증) 불임의 원인이 됩니다. 헤엄을 쳐 난자 앞으로 나아가는 정자의 운동성이 20% 이상, 정자 세포의 60% 이상이 정상적인 형태여야만 임신에 지장이 없습니다. 하지만 요즘 들어 정자의 운동성도 현저히 떨어져 가는 것으로 조사되고 있습니다.

남성의 정자 수가 감소하고 있다는 연구 결과는 그리 생소한 내용이 아닙니다. 지난 수십 년간 남성의 정자 수가 감소한다는 연구가 잇따랐습니다. 2019년 5월에 발표된 스위스의 제네바대학교 연구팀의 정자 분석도 그중의 하나입니다.

연구팀은 18~22세 청년 2,523명의 정액을 수집하여 정자의 수를 비롯해 운동성, 그리고 형태를 분석했습니다. 그 결과 세계보건기구(WHO)가 정한 '수태 가능한 남성의 정액 기준'을 충족하는 비율이 단 38%에 불과했습니다. 참가자들 중에는 평균 정자 수가 1mL당 1500만 마리 이하인 경우도 17%나 존재했습니다. 또 4명 중 1명은 운동성 있는 정자 비율이 40% 미만이었는데, 그중 형태가 정상인 비율은 4%에 불과했습니다.

🌐 동물도 정자 수 줄고 불임 증가

　2017년 7월에는 서구 남성의 정자 수가 지난 40년 동안 절반 넘게 줄었고, 이런 추세가 인류 멸종의 원인이 될 수 있다는 연구 결과가 나와 충격을 안겼습니다. 미국 마운트 시나이 의대와 이스라엘 예루살렘 히브리대 하가이 레빈 교수의 연구팀이 밝힌 내용입니다. 공동 연구팀은 1973년부터 2011년까지 발표된 관련 논문들을 통합 분석한 결과 지난 40년 동안 북미와 유럽, 호주 등 서구 남성들의 정자 수가 59.3% 줄었고, 농도 역시 52.4% 감소했다고 밝혔습니다. 심지어 레빈 교수는 서구 지역 남성의 정자 수 감소 속도가 더 빨라질 가능성이 있다고 경고했습니다.

　1992년 9월에 발표된 덴마크의 닐스 스카케벡 박사의 연구도 맥락을 같이합니다. 그는 지구촌 4대륙의 21개 국가에서 1938년 이후 태어난 건강한 남성 1만 5000명의 정자 수와 품질을 조사했는데, 50년 전에 비해 정자 수가 45% 줄어들었음을 밝혔습니다. 1940년대 조사된 당시 61개의 문헌에는 남성의 정액 1mL당 평균 정자 수가 1억 1300만 마리 수준인 것으로 나타났으나, 50년이 지난 1990년에는 6600만 마리로 감소했다는 것입니다. 이처럼 정자 수가 점점 감소하는 현상은 남성의 생식능력이 위기에 몰려 있음을 의미합니다.

　불임은 사람에게만 나타나는 현상이 아닙니다. 동물학자들 또한 동물의 정자 품질이 나빠지거나 잠복고환(정류고환)이 나타나면서 불임이 높아지고 있다고 말합니다. 최근 영국 엑서터대 연구팀의 연구에서는 영국의 강에 서식하는 수컷 물고기 중 20%는 중성적 특성을 보이고 있고, 다른 20%는 정자 품질이 떨어져 경쟁력을 잃으면서 번식 가능성이 낮아진 것으로 나타났습니다.

한편 캘리포니아 버클리대 연구팀은 수컷 개구리 무리 중 75%가 성 능력이 약화되고 있다고 밝혔습니다. 제초제 성분이 수컷 개구리의 성 발달을 방해했기 때문이라는 것입니다. 사람과 마찬가지로 동물의 불임 또한 개체 수가 감소하는 요인입니다. 개체 수 감소는 생태계 파괴의 원인이 되기 때문에 동물의 불임은 중요한 문제입니다.

세계에서 가장 외로운 달팽이의 죽음
- 생물종 멸종

"세계에서 가장 외로운 달팽이는 더 이상 없다."

미국 '하와이토지자연보호부(DNLR)'는 지구상에 마지막으로 한 마리 남았던 '하와이안 나무달팽이(Achatinella apexfulva)'가 2019년 1월 1일에 죽었다고 밝혔습니다. 달팽이의 이름은 조지(George). 그의 죽음으로 또 하나의 생물종이 지구에서 완전히 멸종되었습니다.

화산 폭발로 만들어진 하와이에는 원래 생물이 없었습니다. 그런데 공중을 나는 새(조류)와 물 위를 떠다니는 배 같은 전달통로를 통해 외래종 생물이 하나둘씩 하와이섬으로 유입되기 시작했죠. 이후 외래종들은 하와이 특유의 자연환경에서 서식하며 독특한 고유종으로 진화했습니다. 그중 하나가 '하와이안 나무달팽이'입니다. 이 달팽이는 19세기까지만 해도 하루에 1만 마리를 잡을 수 있을 만큼 흔하디흔했습니다. 그랬던 달팽이가 왜 멸종이라는 비극을 맞았을까요?

'하와이안 나무달팽이'는 하와이군도의 오아후섬 숲에 사는 고유

종입니다. 이들이 야생에서 감소한 주요 원인은 '늑대달팽이(Euglandina rosea)'의 육식성 포식입니다. 늑대달팽이는 하와이의 다른 외래종 '아프리카 랜드달팽이(Achatina fulica)'를 퇴치하기 위해 1955년 중앙아메리카에서 들여왔는데, 애초 의도와 달리 자기 지역 안에 있는 토착종 달팽이들까지 마구 잡아먹었습니다. 생물학자들에 따르면 늑대달팽이가 등장하면서 적어도 하와이의 토착종 달팽이가 3분의 1쯤 멸종되었다고 합니다.

기후변화도 멸종 원인에 한몫했습니다. 기후변화로 강수량이 늘고 기온이 높아지면서 고산지대 피난처에 살아남은 '하와이안 나무달팽이'가 외래종의 사정권에 놓이게 된 것이죠. 다른 달팽이종도 사정은 마찬가지입니다. 하와이의 여러 섬에 아직 남아 있는 달팽이들은 현재 높은 산의 능선이나 골짜기의 좁은 지역에서 근근이 종의 명맥을 유지하고 있습니다.

'하와이안 나무달팽이'가 감소한 또 하나의 원인은 남획입니다. 20세기 초반 유럽인들 사이에서는 '달팽이 모으기'가 인기를 끌면서 하와이에 사는 달팽이들이 무차별적으로 잡혔습니다. 이 과정에서 개체 수가 줄거나 일부 종이 멸종되었습니다. 결국 남획과 기후변화와 외래종의 침입으로 멸종의 길을 걷다 급기야 1997년에는 '하와이안 나무 달팽이'가 10마리만 남게 되었습니다.

🌐 남은 달팽이종을 지켜라

DNLR 측은 고유 달팽이종을 보호하기 위해 대책을 마련했습니다. 먼저 자연에 남은 10마리를 하와이대 마노아캠퍼스의 인공 증식 시설로 옮겨 키우기 시작했습니다. 이후 개체 수를 늘리려고 새끼들을 번식시켰습니다. 하지만 유일하게 '조지'만 살아남고 다른 달팽이 새끼들이 모두 죽어 성과를 거두지 못했습니다. '하와이안 나무달팽이'의 명맥을 이어주기 위해 연구원들은 10년 넘게 야생에서 조지의 짝을 찾으려고도 했으나 그 또한 실패했습니다. 달팽이는 한 개체에 암수의 생식기를 모두 갖추고 있지만(자웅동체), 다른 개체 없이는 번식하지 못합니다.

'조지'라는 이름은 갈라파고스의 핀타섬에 살던 마지막 코끼리거북 '외로운 조지'에서 따왔습니다. 생물 보존의 아이콘인 이 거북은 혼자 외롭게 지내다 2012년 죽어 종의 멸종을 알렸습니다. 하와이안 나무달팽이 '조지' 역시 혼자 살다 자손을 남기지 못한 채 14세 나이로 죽었습니다. 이로써 'Achatinella apexfulva'란 학명의 생물 종이 지구에서 완전히 사라졌습니다. 결국 조지의 죽음은 하와이섬에서 멸종을 맞고 있는 다른 달팽이종들의 절박한 운명의 암시이기도 합니다.

그나마 다행인 것은 2017년 미국 샌디에이고 동물원이 조지의 발에서 생체조직 두 곳을 채취해 냉동 보관하고 있다는 사실입니다. 이는 언젠가 '하와이안 나무달팽이'가 복제될 수 있음을 의미합니다.

당장은 어렵지만 복제기술이 더 발달하면 가능하지 않을까요?

종의 손실은 생태계에 큰 타격입니다. 눈에 잘 띄지도 않는 달팽이 한 종의 멸종, 과학자들이 그것의 중요함을 알리는 이유는 뭘까요? 인간의 입장에서는 코뿔소처럼 몸집이 큰 동물 종들의 멸종이 더 중요해 보이는데 말입니다. 과학자들은 그 이유를 '하와이안 나무달팽이' 조지가 바로 무척추동물이기 때문이라고 답합니다.

말 그대로 척추가 없는 무척추동물은 지구상의 전체 동물 중 90% 이상을 차지합니다. 포유류, 조류, 양서류, 파충류, 어류를 빼면 모두 무척추동물입니다. 그런데 '무척추동물의 20%가 멸종위기 상태에 놓여 있다'고 런던동물학회가 운영하는 런던동물원(ZSL)의 보고서는 밝히고 있습니다. 특히 움직임이 둔한 무척추동물일수록 멸종의 위험성이 더 높다는 것이죠. 앞으로는 바닷가에서 조개껍데기를 줍는 일이 옛날이야기 속에서나 존재할 수도 있습니다.

🌏 무척추동물의 귀중함

무척추동물이 인간에게 미치는 영향은 큽니다. 이를테면 꽃가루를 나르며 세계 식량 작물의 90% 이상을 책임지는 수분(受粉) 매개체인 꿀벌, 나비, 딱정벌레 등은 식량 안보에 중요한 기여를 합니다. 지렁이의 분변토(배설물)는 땅을 기름지게 하고, 지렁이가 여러 곳을 돌아다니며 땅을 판 자리에는 공기가 들어와 식물이 숨을 쉴 수 있게 해줍니다. 지렁이가 많은 곳에 농사를 짓는 이유입니다. 지렁이는 죽어서도 땅에 양분으로 작용합니다. 또 산호초는 다양한 해양생물에 서식지를 제공해 어류를 공급합니다.

생태계 기능에 있어서도 무척추동물은 없어서는 안 될 존재입니다. '하와이안 나무달팽이'는 섬에서 여러 역할을 합니다. 예를 들어 식물의 분해를 돕거나 나뭇잎의 곰팡이 등을 먹어 나무 숙주를 질병으로부터 보호합니다. 달팽이는 나뭇잎의 조류, 곰팡이, 세균 등을 먹고 삽니다.

더 중요한 이유는 무척추동물이 감소하는 만큼 이들을 잡아먹고 사는 새, 도마뱀, 개구리 등 척추동물의 수도 똑같이 급감한다는 데 있습니다. 특히 곤충만 먹고 사는 일부 조류의 경우 개체 수가 40년 전보다 무려 90%나 줄어든 것으로 나타났습니다. 무척추동물의 감소가 생태계의 먹이사슬에 치명적인 영향을 미치고 있는 것입니다.

달팽이와 같은 무척추동물이 사라지면 그들을 잡아먹는 천적의 개체마저 감소합니다.

지구의 마지막 1분

어디 그뿐일까요? 무척추동물만이 갖고 있는 헤모시아닌은 목재의 질긴 섬유소 리그닌(lignin)을 쉽게 분해하기 때문에 바이오연료를 대량 생산하는 데 큰 도움이 될 수 있습니다. 하잘것없어 보이는 무척추동물이 새로운 첨단기술의 소재가 될 수 있다는 것이죠.

이처럼 귀한 무척추동물들이 하나둘씩 사라져 모두 멸종한다면 어떻게 될까요? 그다음은 인간이 멸종할 차례라고 과학자들은 경고합니다. 하루빨리 외래종의 습격과 기후변화에 대한 대책을 마련해 조지의 죽음이 지구상의 수많은 생물종의 멸종을 막기 위한 촉매제가 되기를 바랄 뿐입니다.

지구온난화가 만든 최고의 직업, 농부

Global Warming +

- 인공지능 농업

   전 세계인의 먹을거리를 책임지는 농업은 인류에게 꼭 필요한 분야입니다. 하지만 지구온난화로 지구촌의 땅은 사막화되어가는 반면 인구는 계속 늘어나 식량난을 예고합니다. 게다가 농촌의 고령화 속도는 이미 심각한 수준. 귀농·귀촌하는 사람들에게 의존하는 것도 한계가 있습니다. 이런 위기에 정보통신기술이 희망의 불씨가 되고 있고 이 첨단 흐름에 억대 부농들이 있습니다.

   "교실을 나가 드넓은 농장으로 가라. 20~30년 후 농업은 가장 유망한 직업이 될 것이다. 돈을 벌고 싶으면 농부가 돼라." 세계적 투자자 짐 로저스가 2014년 12월 서울대학교 강연 중 한 말입니다. 미래에 부를 만질 수 있는 직업은 농부이고, 농업에 미래가 있다는 이야기입니다.

   지금도 농사의 반은 첨단 과학기술이 짓는 시대입니다. 현재의 기술력으로 충분히 사막을 옥토로 바꿀 수 있고, 척박한 환경을 비옥하게 만들 수도 있습니다. 하지만 문제는 비용입니다. 자동화된 트랙

터가 등장하고 있지만 10억 원의 가격이라면 평범한 농민들이 사용할 엄두가 날까요? 아무리 좋은 아이디어도 현장에서 써먹지 못하면 쓸모없습니다. 그래서 가시화되고 있는 기술이 비용이 적게 들면서도 스마트한 농업입니다.

🌍 마코토 씨의 오이농장과 AI 일꾼

일본인 마코토 고이케 씨의 오이농장이 좋은 예입니다. 시즈오카 현 고사이시에 있는 이 농장은 인공지능(AI)으로 오이 분류 작업을 자동화하여 소득을 크게 올리고 있습니다.

마코토 씨는 원래 자동차 부품업체의 소프트웨어 기술자였습니다. 그는 30대에 직장을 그만두고 2015년부터 부모님을 도와 오이 농장 일을 시작했습니다. 하지만 농장 일을 거들면서 농업의 효율성이 낮은 것에 깜짝 놀랐습니다. 특히 농사일보다 색깔, 모양, 크기, 흠집에 따라 오이를 분류하는 일에 쏟는 시간이 더 많았습니다. 농번기엔 하루 8시간을 꼬박 오이 분류에 매달렸습니다.

마코토 씨는 이런 모순을 해결하기 위해 정보기술을 도입하기로 했습니다. 하지만 기업에 의뢰하면 시스템을 만드는 데 드는 비용이 만만치 않죠. 그러던 2016년 3월 구글 '알파고'와 이세돌 9단의 바둑 대결 후 구글이 인공지능의 심층학습(딥러닝)을 실현하는 소프트웨어(텐서플로·TensorFlow)를 무상 제공한다고 발표했습니다. 마코토 씨는 이를 응용해 오이 분류 장치를 만들면 농장 일손을 충분히 덜어줄 수 있을 것이라고 믿었습니다.

그는 즉시 일반 개인용 컴퓨터에 구글의 텐서플로를 다운받고 일반 카메라를 조합해 '오이 분류기'를 설계하기 시작했습니다. 어머니가 일일이 손으로 분류한 오이 사진 7,000장을 찍은 뒤 AI 프로그램에 입력해 몇 등급의 오이인지 학습시켰습니다. 학습시간만도 3개월이 걸렸습니다. 기계의 정확도가 올라가기 전까진 사람이 개입해 이런 식으로 '훈련'을 시켜야 합니다. 분석을 거듭할수록 정확도는 올라갑니다. 이렇게 소프트웨어의 조정 작업을 마친 뒤 그는 완벽한 기능의 분류장치를 만들었습니다.

분류기는 대형 디스플레이와 그 위를 덮는 투명한 아크릴판, 소형 카메라, PC가 구성의 전부입니다. 원리는 간단합니다. 아크릴판 위에 오이를 올리면 바로 위에 있는 카메라가 자동으로 촬영해 AI 프로그램에 보냅니다. AI는 사진에 찍힌 오이의 크기, 모양, 색상 등 여러 특성에 따라 분석한 후 독자적으로 정한 9등급의 출하 기준에 맞춰 자동으로 분류해줍니다. 분류 정확도는 80% 이상. 열 일꾼 부럽지 않은 AI 농사꾼은 이렇게 탄생했습니다.

놀라운 것은 비용입니다. PC를 제외하고 카메라를 포함해 2만 엔 정도면 충분했습니다. 저렴한 분류장치 덕분에 이제 8시간 동안 힘들게 앉아 오이를 선별하지 않아도 됩니다. 마코토 씨 농장은 오늘도 이 저렴한 장치로 오이를 분류해 수입을 올리고 있습니다.

🌏 스마트폰으로 농장 상태 점검

미래의 농업에서 성장 잠재력이 가장 높은 분야는 스마트팜(smart farm)입니다. 스마트팜은 정보통신기술(ICT)을 접목해 작업 효율을 높인 '지능형 농장'입니다. 인공지능, 사물인터넷, 빅데이터 등 첨단 과학기술을 활용해 자동으로 최적의 생육환경을 만들고, 언제 어디서든 농장을 실시간으로 관리하는 게 핵심입니다.

농부들은 논밭을 거의 매일 오가며 농작물의 상태를 확인합니다. 병해충을 입지 않았는지, 생육이 제대로 이뤄지는지 끊임없이 체크하는 것은 물론 비바람이 몰아치는 밤에는 궂은 날씨에도 아랑곳하지 않고 '자식' 같은 농작물을 지키느라 밤을 새우기도 합니다. 농사

스마트팜은 첨단 과학기술을 이용해 효율적으로 작물을 관리하는 농장입니다.

일이 고된 이유죠.

그러나 전북 남원시 운봉읍에서 대규모 스마트팜인 파프리카 농장을 운영하는 주인은 아침에 눈을 뜨자마자 스마트폰 터치 한 번으로 농장을 살핍니다. 온실의 온도가 어떤지, 습도나 공기 순환에 문제는 없는지 등의 정보를 원격으로 얻고 있습니다. 스마트팜은 사람이 세부 조작을 하지 않아도 인공지능이 농장 내부 상황을 파악한 뒤 알아서 명령을 내립니다.

농장에 각종 센서가 설치되어 있어 습도와 온도, 일조량, 이산화탄소량 등 다양한 정보를 서버로 전송합니다. 서버에 탑재된 인공지능은 작물의 발달 상태, 병해충 피해 등을 판단해 온도·습도를 조절하거나 배양액을 분사합니다. 심지어 작물의 수확 시기와 생산량까지 예측해줍니다. 모두 수치를 데이터로 분석하고 최적의 조건을 유지시켜주니, 이쯤 되면 처음 농사짓는 사람이라도 성공할 확률이 높아지겠죠?

206

스마트팜의 선두주자는 단연 네덜란드와 일본입니다. 네덜란드는 다양한 정보통신기술을 접목해 전 세계의 스마트팜 시장을 이끌고 있습니다. '농업의 95%는 과학기술이고, 나머지 5%만이 노동력'이라고 믿는 이 나라는 전체 온실의 99%가 유리온실입니다. 이미 1977년부터 온실을 컴퓨터로 관리하는 복합 환경제어 시스템을 갖추고 있습니다. 온도, 습도, 일사량, 이산화탄소 등을 조절하는 정보통신기술과 에너지 관리 및 재해방지기술을 결합한 시스템입니다. 네덜란드의 토마토와 파프리카 80%가 이 시스템을 갖춘 식물공장에서 생산되고 있습니다.

우리나라는 1995년에 파프리카를 처음 재배했습니다. 조기심 씨 (농업회사법인 (주)농산 대표)가 네덜란드산 파프리카 씨를 일본에서 가져와 전북 김제의 약 1.1㏊ 땅에서 재배한 것이 국내 생산의 시작입니다. 비록 생산 경력은 짧지만 네덜란드산이 장악하고 있는 일본 파프리카 시장을 우리가 점령할 정도로 성장했습니다. 정보통신기술 덕분입니다. 스마트팜은 초기 투자비용이 많지만 장기적으로 볼 때 생산비를 줄일 수 있기 때문에 전망이 밝은 농업입니다.

도시의 다양한 공간을 활용한 도시농업도 매력적입니다. 도시 거주자들은 대부분 아파트에서 살고 있습니다. 작물을 경작할 토지가 없는 곳입니다. 하지만 좁은 공간을 잘 활용하면 실속 있는 작물을 재배할 수 있습니다. 비용도 크게 들지 않습니다.

도시농업은 폐기된 공장을 고친 '수경재배 시설의 형태' 또는 건물의 옥상을 이용한 '옥상 텃밭' '도시 텃밭'으로 불리는 소규모의 농장 형태로도 존재합니다. 도시형 스마트팜의 대안으로 내놓은 '스마트 화분'은 단연 돋보이는 제품입니다.

🌡️🌏 스마트 가든과 스마트 화분

에스토니아 IT업체인 클릭앤그로는 자동재배 장치인 '스마트 가든'을 출시하고 있습니다. 가든의 구조는 간단합니다. 용기에 물을 담고 그 위에 흙과 비료, 씨앗을 넣고 스위치를 켜면 LED 전등이 들어와 식물의 생장에 필요한 빛과 물을 자동으로 공급합니다.

LED는 식물에 신호를 주는 역할도 합니다. 빛을 쬔 정도에 따라 신호를 보내 식물이 생장호르몬을 분비시키도록 하는 것이죠. 물은 햇빛과 이산화탄소를 이용해 양분을 만드는 광합성에 사용됩니다. 그 결과 꽃을 피우고 열매를 맺으며 식물이 적절하게 생장합니다. 물의 속도와 온도, 비료의 양이 적절하면 크고 맛있는 농작물을 더 잘

기를 수 있습니다.

미국의 스타트업 아바바이트(AVA Byte)는 수경재배에 적합한 토마토, 허브, 버섯 등 다양한 작물을 재배할 수 있는 스마트 화분을 개발했습니다. 1회용 커피캡슐처럼 생긴 씨앗 캡슐과 물을 붓고 버튼을 누르기만 하면 식물이 자랍니다. 특히 미국은 도시의 건물 안에 설치된 여러 층의 재배대에서 작물을 기르는 수직농장이 활발합니다. 이 기술을 사용하면 일반 수경재배보다 물의 사용량을 90% 이상 줄일 수 있습니다. 생산지가 곧 소비시장인 도시에서 직접 생산한 작물로 샐러드나 주스 등 다양한 제품을 만들어 부가가치를 창출하고 있습니다.

우리나라의 팜테크 스타트업 엔씽(nthing)은 사물인터넷을 활용한 스마트 화분 '플랜티'와 모듈형 스마트 수경재배 키트, 컨테이너 팜을 통해 도시 농법을 실천하고 있습니다. 플랜티는 스마트폰 앱에서 단추만 누르면 화분이 식물에 스스로 물을 주는 간단한 구조입니다. 수경재배 키트에는 특수 토양 스펀지가 탑재돼 작물이 발아하고 생장하는 데 최적의 조건을 만들어줍니다. 컨테이너 팜은 이러한 기술을 총집합시켜 누구나 원하는 크기의 '스마트 가든'을 가질 수 있습니다.

한편 전북대 익산캠퍼스의 'LED 농생명융합기술센터'에는 3,500여 개의 LED를 활용해 식물을 키우는 330㎡ 규모의 LED 식물공장이 있습니다. 보통 농가는 물과 비료를 30% 정도 버리지만 'LED 농생명융합기술센터'는 LED를 이용해 농사를 짓기 때문에 낭비하는 양이 거의 없습니다. 이러한 도시농업이야말로 도시의 미래를 바꾸는 기술입니다.

여름철 기온이 50℃를 넘나드는 사막. 사람도 견디기 어려울 만큼 무더운 사막에서도 작물이 자랍니다. 아랍에미리트의 한 사막농장에는 '나노 진흙'으로 키우는 콩이 자라고 있습니다. 사막지대의 토양은 약간의 황토와 매우 건조한 모래로 이뤄져 있고 800~1200m 깊이의 지하수에서는 염분이 섞인 물이 나오기도 합니다. 사막에서는 깨끗한 물이 매우 비싸고 제한적이기 때문에 염분이 섞인 물이라도 귀합니다.

🌡️🌏 사막농업 개척하는 '나노 진흙'

하지만 모래는 힘이 없어 물을 부으면 금세 증발합니다. 이를 극복하기 위해 나노 크기의 진흙을 모래와 섞어 식물이 자라기 좋은 흙으로 바꾼 기술이 사막농업을 개척하고 있습니다. 모래가 오랫동안 물을 머금기 때문에 진흙을 사용한 농장에서는 콩이 잘 자랍니다.

한편 아랍에미리트의 도시 샤르자에 지어진 장애인 맞춤형 실내 스마트팜에는 KT의 ICT 솔루션이 적용돼 있습니다. 처음으로 해외에 진출한 한국의 스마트팜입니다. 곳곳에 설치된 센서가 보내는 자료로 번거로운 물 주기, 예민하게 맞춰야 하는 온도와 습도가 자동으로 조절됩니다. 여름에는 체리, 올리브, 포도 등이 주렁주렁 매달린 농장의 모습을 드러냅니다.

미래 농업은 다양한 특기를 가진 젊은이들이 역량을 펼칠 수 있는 무대이기도 합니다. 첨단기술을 직접 개발하고 접목시켜 농사에 응용할 수 있기 때문입니다. 미래 농업의 모습은 지금과는 전혀 다른 패러다임으로 전개될 것입니다. 그리고 잠재력이 큰 정보통신기술 농장은 더 나은 먹을거리와 청년들의 훌륭한 일터를 제공하게 될 것입니다. 역설적이지만 지구온난화가 농업을 미래 최고의 직업으로 만들어가고 있습니다.

Global Warming

새 지질시대는 닭 뼈가 가른다
- 인류세

닭과 지질시대의 상관관계?

지금은 새로운 지질시대인 '인류세'에 진입했다는 주장이 힘을 얻
고 있습니다. '인류가 지질학적 행위자'로 생태계 파괴와 지구온난화
등 기후변화에 막대한 영향을 미쳤고 그를 통해 새로운 지질시대를
만들었다는 것입니다. 인류세를 규정짓는 가장 유력한 후보는 '닭'이
라는 논문도 발표돼 주목을 끌고 있습니다.

2018년 12월 12일 국제학술지 〈영국 왕립학회 오픈 사이언스
(Royal Society Open Science)〉에는 식육용 닭이 인류세(人類世·Anthropocene)의
도래를 알리는 가장 충격적인 증거일 수 있다는 영국·남아프리카공
화국 연구팀의 논문이 실렸습니다. 인류세란 지구사(史)의 한 시기
로, 인류가 중요한·지질학적 세력으로 등장한 때를 말합니다. 지질
학적인 대사건을 인간이 일으켰다는 의미입니다. 그런데 왜 닭이 인
류세의 증거가 되는 것일까요?

인류세는 1995년 노벨 화학상 수상자인 네덜란드의 대기화학자 파울 크루첸(Paul Crutzen)이 2000년 지질학회의에서 제시한 개념입니다. 2002년에는 국제학술지 〈네이처〉에 인류세에 대한 논문도 게재했습니다. 인류세의 영어단어인 Anthropocene는 인류를 뜻하는 Anthropo와 시대 혹은 시기를 뜻하는 cene의 합성어입니다. 세(世)는 지구의 지질시대를 구분할 때 쓰는 용어로, 보통 퇴적암에 남아 있는 화석의 변화로 구분합니다.

인류세, 고생대 말기 기후와 비슷

지구의 지질시대는 크게 선캄브리아대, 고생대, 중생대, 신생대로 구분됩니다. 각 지질시대는 지질학적 변동이나 생물학적인 변화 등에 따라 세분되기도 합니다. 이를테면 중생대 백악기와 신생대 제3기는 공룡 멸종 이전과 이후로 나뉩니다. 인류가 살고 있는 현재는 신생대 제4기 홀로세(Holocene Epoch)이며 충적세(沖積世) 또는 현세(現世)라고도 부릅니다. 홀로세가 시작된 것은 마지막 빙하기(플라이스토세 빙하기)가 끝난 약 1만 1700년 전부터입니다.

그런데 홀로세를 끝내고 새 지질시대인 '인류세' 진입을 공식화하자는 움직임이 구체화되고 있습니다. 특히 충적세와 지금의 지구는 반드시 구분돼야 한다는 것인데요. 크루첸은 퇴적층 이동, 해수면 상승, 오존층 파괴, 바닷물의 산성화 등 인류가 영향을 끼친 수많은 지질학적 규모의 변화를 언급하며 우리가 더는 홀로세가 아닌 새로운 지질시대에 살고 있다고 말합니다. 특히 대기 중 온실가스가 증가한 고생대 페름기 말기의 기후 상황이 현재와 비슷하다는 점에서 우려를 표하고 있습니다.

지질시대에는 각 시대를 구분하는 중대한 계기가 되는 '골든스파이크(golden spike · 황금못)'가 있습니다. 이를테면 신종 유기체의 출현이라든가 기존 생물의 소멸 같은 것입니다. 영국·남아프리카공화국 연구

지질 시대

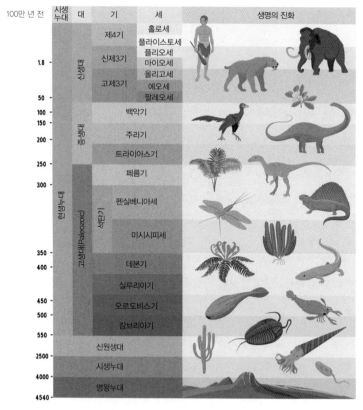

100만 년 전	시생누대	대	기	세	생명의 진화
		신생대	제4기	홀로세 / 플라이스토세	
1.8			신제3기	플리오세 / 마이오세 / 올리고세	
50			고제3기	에오세 / 팔레오세	
100 / 150 / 200		중생대	백악기		
			주라기		
250			트라이아스기		
300	현생누대	고생대(Paleozoic)	페름기		
			석탄기	펜실베니아세	
				미시시피세	
350 / 400			데본기		
			실루리아기		
450 / 500			오르도비스기		
			캄브리아기		
550			신원생대		
2500			시생누대		
4000			명왕누대		
4540					

팀이 현세와 인류세를 가르는 골든스파이크로 가장 유력하게 꼽는 후보는 닭의 폭발적 번식입니다. 닭은 20세기 중반부터 가장 흔한 조류가 되었습니다.

닭은 세계적으로 매년 500억~600억 마리가 도축되고 있습니다. 닭의 용도는 단순히 식재료에 국한되지 않습니다. 매년 수백만 마리의 닭이 독감 백신 제조를 위해 희생됩니다. 이와 상관없이 매년 약 230억 마리의 닭이 사육되고 있습니다. 이 정도의 개체 수는 항상 유지하고 있다는 의미입니다. 15억 마리의 개체 수로 2위를 차지하는 홍엽새(쿠엘레아)에 비하면 어마어마한 수입니다.

인류가 소비한 수많은 닭 뼈는 세계 곳곳의 쓰레기매립지로 향합니다. 산소가 없는 환경에서 닭 뼈는 오랜 세월을 거치면서 화석으로 남을 수 있습니다. 지질학에서는 시대를 대표하는 특정 종의 뼈가 발견되는 지층을 기준으로 시대를 나누는데, 연구팀은 삼엽충이나 공룡과 같은 기준으로 볼 때 먼 훗날 인류세를 대표할 화석으로 닭 뼈가 무더기로 출토될 것이라고 합니다.

연구에 참여한 영국 레스터대 고생물자인 얀 잘라시에비치 교수는 "지구상 수많은 매립지와 길거리 구석에서 이미 닭 뼈가 화석화하고 있다"며 "이는 미래 지질학자들이 정의할 '인류세 화석'을 만들어내고 있음을 의미한다"고 말했습니다. 지구온난화나 전염병, 핵전쟁 등으로 지금의 인류가 멸망한 후 새로운 문명이 쓰레기매립장에서 화석화된 수많은 닭 뼈를 발견한다면 오늘날을 '인류의 시대'가 아닌 '닭의 전성시대'로 분석할 것이라는 게 연구팀의 결론입니다.

한편 세계 과학자들로 구성된 '인류세 워킹그룹(AWG)'은 닭 이외에도 1940년대 후반 원자폭탄 실험으로 생긴 방사성물질, 지구를 뒤덮고 있는 플라스틱 확산, 대기에 축적된 메탄과 이산화탄소 등의 온실가스도 인류세의 근거로 들고 있습니다.

🌡🌏 낙진과 플라스틱도 인류세의 표지

우리가 인류세에 진입한 게 사실이라면 그것은 정확히 언제 시작되었을까요? 어떤 과학자들은 인류세의 시발점을 20세기 중반으로 보는 데 반해, 어떤 과학자들은 이보다 훨씬 더 오래된 시기를 인류세의 시발점으로 보고 있습니다.

인류세의 개념을 제시한 크루첸은 산업혁명이 시작된 18세기를 인류세의 시작점으로 봤습니다. 빙하의 핵을 분석한 결과 이 시기부터 인류는 대기 중의 메탄가스 양을 2배로 늘렸고, 이산화탄소 농도를 무려 30%씩 증가시켰으며, 남극 상공의 오존층에 구멍을 뚫었다는 것입니다.

잘라시에비치 교수의 주장은 20세기 중반입니다. 핵실험이 가장 활발해 인공 방사성물질이 포함된 낙진이 20세기 중반 들어 절정에 달해 퇴적층에 가시적 증거를 남겼다는 것이죠. 일부 과학자들이 이 낙진을 인류세의 시발점을 알리는 표지로 삼자고 주장합니다. 영국 런던대의 닐 로스 교수는 최초의 원자탄 투하 실험이 있었던 1945년 7월 16일이라는 날짜까지 제시했습니다.

인류세워킹그룹은 세계 인구와 자원의 소비가 급증하기 시작한 1950년을 인류세 시작으로 제안했습니다. 이 시점은 인공 방사성물질 외에도 플라스틱이 전 지구에 걸쳐 인류의 흔적을 또렷이 새겼다는 게 이유입니다. 예를 들어 플라스틱은 지구를 천천히 덮어가며 지구 환경을 완전히 바꿔놓았다고 지적합니다. 2차 세계대전 이후 만들어진 플라스틱 양을 랩으로 만들면 지구를 한 바퀴 둘러싸고도 남을 만큼이라는 것이죠. '기술 화석'이라고 불리는 물질이 유례없는 속도로 퇴적층에 쌓이기 시작하고 있다는 것입니다.

최근 과학계는 진지하게 인류세 도입을 검토 중입니다. 인류가 지구에 미친 영향이 훨씬 더 명백해졌기 때문입니다. 인류세가 지질시대로 자리 잡으려면 학계의 승인을 받아야 합니다. 최종 결정은 국제층서위원회(ICS)와 상부기관인 국제 지질학연맹이 투표를 통해 내리게 됩니다. 이 과정은 수년이 걸릴 것입니다. 새 지질시대의 기준이 닭 뼈 화석이 됐든, 플라스틱 돌이 됐든 '인류세'의 골든스파이크는 징표이자 지구 파괴라는 낯부끄러운 시발점이 될 것입니다.

인류에게 달린 여섯 번째 지구 대멸종

- 대멸종

　최근 멸종위기에 놓인 생물이 급증하면서 현재 지구가 여섯 번째 대멸종을 겪고 있다는 연구 결과가 나왔습니다. 여섯 번째 대멸종을 부추기는 주인공은 바로 인간이라는 겁니다. 과거 다섯 차례의 대멸종이 지각변동과 같은 자연적 재해로 일어났다면 이번에는 인간의 극심한 생태계 파괴가 원인이라는 것이죠. 생물의 멸종은 결국 생태계에 의존하는 인간의 생존과도 직결됩니다. 최악의 경우 지구상에 인간만 살아남게 되는 고립기(Eremozoic Era)가 올 것이라는 게 과학계의 전망입니다.

🌡️🌍 20년 안에 515종 멸종 직면

　2020년 6월 2일 미국 스탠퍼드대 폴 에를리히(Paul Ehrlich) 교수와 국립멕시코자치대 생태학연구소 제라르도 세발로스(Gerardo Ceballos) 박사팀은 생물의 멸종 속도가 이전에 예측했던 것보다 훨씬 빨라져 앞으로 20년 안에 육지 척추동물 500여 종이 멸종의 벼랑 끝에 놓일 것이라고 경고했습니다. 지난 20세기 동안 최소 543종의 육지 척추동물이 사라졌는데 이 100년 동안 멸종한 개체 수와 비슷한 숫자가 사라지는 데 앞으로 20년밖에 남지 않았다는 것입니다. 에를리히 교수팀은 2015년에도 여섯 번째 대멸종에 관한 연구 결과를 발표한 적이 있지만, 이때의 결과는 그때보다 전망이 더욱더 어둡습니다.

생물종(種)의 숫자와 관련해서는 생명이 생긴 이래 300억 종이 존재했다는 학설부터 4조 종이란 주장까지 분분합니다. 종의 수가 이렇게 많으니 개체 수는 말할 나위도 없습니다. 하지만 분명한 것은 지구에 존재했던 생물의 99.99%는 멸종했다는 사실입니다. 우린 그 생물의 흔적인 석유, 석탄을 소비하며 살아갑니다. 그렇다면 연구팀은 어떤 방식을 통해 여섯 번째 대멸종의 결과를 얻어냈을까요?

연구팀은 현재 동물들의 멸종위기 상황을 정확히 파악하기 위해 세계자연보호연맹(IUCN)의 멸종위기 종 적색목록과 국제조류보호단체 '버드라이프 인터내셔널'의 자료를 이용, 2만 9400종의 개체 수와 서식지 등을 분석했습니다. 그 결과 개체 수가 1000마리 미만에 놓인 멸종 직전 상황의 육지 척추동물이 515종이나 됐고, 이 중 조류가 335종으로 가장 많았습니다. 또 포유류 74종, 양서류 65종, 파충류 41종 순으로 나타났습니다.

515종의 절반 정도는 개체 수가 250마리 미만으로 남아 있는 것으로 나타났습니다. 515종 동물의 개체 중 1900년 이후 사라진 것이 약 23만 7000마리이고, 이 기간에 포유동물과 조류 77종은 전체 개체 수의 94%가 감소한 것으로 분석됐습니다.

또 개체 수가 5000마리 미만인 종도 388종에 달했습니다. 이 388종의 84%는 서식지가 1000마리 미만인 515종의 서식지와 겹치는 것으로 나타났습니다. 이는 한 종이 멸종위기에 처하면 같은 생태계에 불안정을 초래해 다른 종들의 멸종 위험을 높인다는 것을 의미하며, 이 악순환이 결국 생태계 기능을 파괴해 인류를 위험에 빠뜨릴 것이라는 게 연구팀의 설명입니다.

생물 종은 서로서로 그물망처럼 얽혀 있습니다. 그래서 한 종이 사라지면 다른 종이 바로 위험에 처합니다. 거의 모든 동식물은 천적을 가지고 있습니다. 천적 관계는 먹이사슬을 형성하고, 먹이사슬은 생태적 지위를 결정합니다. 생태계를 이루는 생산자, 소비자, 분해자 중 어느 한 개체 수가 너무 폭등하거나 멸종위기에 처할 만큼 급격하게 감소하면 생태계가 교란되고 파괴되면서 수많은 생물이 죽음에 이르게 됩니다. 즉 멸종이 멸종을 낳는 셈입니다.

그렇기에 지구상에 남은 개체 수가 5000마리 미만인 종은 모두 IUCN 적색목록의 '심각한 멸종위기 종'에 포함해야 한다고 연구팀은 주장합니다. 앞으로 20년간 사람들이 멸종위기에 어떻게 대처하느냐에 따라 다른 수백만 종의 운명을 결정할 것이라고 세발로스 박사는 말합니다.

특히 연구팀은 이번 여섯 번째 멸종의 주범이 인간의 활동임을 강조하고 있습니다. 심각한 멸종위기에 처한 종들의 서식지는 대부분

　　　　　　　　　　　　　　지구의 마지막 1분

인간의 활동에 영향을 크게 받는 열대·아열대 지역에 집중돼 있기 때문입니다. 연구팀의 연구 논문 〈생물학적 전멸과 여섯 번째 대멸종의 지표로서 벼랑 끝에 있는 척추동물〉은 국제학술지 〈미국국립과학원회보(PNAS)〉에 게재됐습니다.

🌍 지구 역사상 발생한 다섯 차례 대멸종 사건

지구는 이미 다섯 번의 대멸종을 경험한 바 있습니다. 오르도비스기, 데본기, 페름기, 트라이아스기, 백악기의 대멸종이 그것입니다. 지구 역사상 가장 큰 멸종은 2억 5200만 년 전 페름기 대멸종인데, 연구팀은 현재 동식물이 사라지는 속도가 이 페름기 때와 비슷하다고 말합니다.

첫 번째 대멸종은 약 4억 5000만 년 전 오르도비스기가 끝날 무렵에 일어났습니다. 대규모 빙하기가 시작되면서 빙하가 대륙을 뒤덮어 열대가 사라지고 난대성 동물들이 멸종한 것으로 알려져 있습니다. 당시 살았던 해양생물은 속(屬) 수준에서 57%가 멸종했고, 고생대의 대표적 산호들이 속 수준에서 70%가 멸종했습니다.

두 번째 멸종은 약 3억 6500만 년 전인 고생대 데본기 후반입니다. 약 400만 년에 걸쳐 멸종이 진행되었습니다. 갑옷을 두른 특이한 물고기인 갑주어가 거의 자취를 감추었고 총 75%의 생물 종이 멸종했습니다. 해저의 무산소화가 원인이라고 봅니다.

세 번째 멸종 사건은 약 2억 5000만 년 전인 페름기 후반에 일어났습니다. 육상생물의 70%, 해양생물의 95%가 멸종하는 경이적인 기록을 세웠습니다. 종 수준에서 봤을 때는 무려 96%라는 어마어마한 양의 생물이 멸종했습니다. 판게아 대륙 형성 단계에서 약화한 지구 생태계가 페름기 말의 격렬한 화산활동에 의해 결정적 타격을 입었다고 전문가들은 말합니다. 엄청난 양의 화산가스로 인한 온실효과와 대규모의 산성비, 폭발 초기의 일시적인 빙하기 등이 사상 최대의 멸종을 이끌었다는 것입니다. 이 시기 생물의 멸종은 약 800만 년에 걸쳐 일어났습니다.

네 번째 멸종은 트라이아스기 후반(2억 년 전) 약 1700만 년의 기간에 걸쳐 일어났던 여러 번의 작은 멸종 사건들을 통칭합니다. 전체적으로 약 48%의 속이 멸종했는데, 이는 다섯 차례 대멸종 중 가장 낮은 수치입니다. 판게아가 분리되기 시작할 때 북대서양이 열리면서 분출된 거대한 화산활동이 멸종의 주요인으로 지목되고 있습니다.

페름기 말 격렬한 화산활동으로 지구에는 세 번째 대멸종이 일어났습니다. 이 시기에 많은 생물종이 멸종했는데, 현재 동식물이 사라지는 속도가 이때와 비슷하다고 합니다.

가장 최근에 발생한 다섯 번째 대멸종은 6500만 년 전 백악기 때입니다. 멸종 원인이 비교적 소상히 밝혀졌는데, 10㎞ 이상의 운석이 멕시코만에 충돌하면서 공룡을 전멸시켰다는 겁니다. 공룡 시대가 끝나고 포유류의 시대가 열렸지만, 총 다섯 차례의 멸종을 거치면서 지구상에 있던 생물 종의 75% 이상이 사라졌습니다.

생명이 다시 회복되는 시기는 평균적으로 1000만 년이 걸립니다. 인간이 인위적으로 생물 종을 멸종시키기는 쉽지만 보전하는 것은 매우 어렵습니다. 그 생물 종에는 호모사피엔스, 즉 인간도 포함되어 있다는 것을 반드시 명심해야 합니다.

지구의 마지막 1분

초판 1쇄	2023년 06월 15일
2쇄	2024년 10월 15일
지은이	김형자
발행인	김재홍
교정/교열	김혜린
디자인	박효은
마케팅	이연실
발행처	도서출판지식공감
등록번호	제2019-000164호
주소	서울특별시 영등포구 경인로82길 3-4 센터플러스 1117호 (문래동1가)
전화	02-3141-2700
팩스	02-322-3089
홈페이지	www.bookdaum.com
이메일	jisikwon@naver.com
가격	16,500원
ISBN	979-11-5622-803-5 43400